Intersezioni

Raccontare la matematica

IV. La qualità matematica della natura p. 167

La chiave e la porta di tutte le scienze. - L'invenzione matematica nella fisica. - La relazione inversa. - Ipotesi sul futuro. - Matematica e realtà.

Bibliografia 193

Indice dei nomi 203

Una visita all'Accademia di Lagado

«Visitai, infine, la scuola di matematiche, dove il maestro impartiva il suo insegnamento con un metodo che in Europa si stenterebbe perfino a immaginare. Teorema e dimostrazione venivano nitidamente scritti sopra un'ostia sottile con un inchiostro composto d'una essenza cefalica. Lo studente era tenuto a ingoiarla a stomaco vuoto, e, per tre giorni successivi, a mangiare soltanto pane e acqua. Via via che l'ostia era digerita, l'essenza saliva al cervello, portando seco il teorema». Così riferisce a proposito dell'Accademia di Lagado un attonito Lemuel Gulliver, nei *Viaggi* (1726), la cronaca «assai sconnessa e scorretta» redatta da Jonathan Swift – e non manca nel brano una pungente allusione alla pratica dell'eucaristia cara ai cattolici romani. Ma è la polemica sulla natura della scienza quella che qui ci interessa. Circa mezzo secolo prima, le «indigeribili» (sempre a detta di Gulliver-Swift) dimostrazioni matematiche erano definite come «l'occhio della mente» nell'*Ethica* di Baruch Spinoza, perché solo grazie a esse il nostro intelletto può riuscire a individuare ed esprimere le leggi della Natura (detta pure la Sostanza, o anche Dio).

Ma il ruolo delle «matematiche severe» (per usare la locuzione del poeta Lautréamont) nel rendere pensabile il mondo era stato discusso ed enfatizzato ben prima della serenità antifanatica del filosofo di

Amsterdam o dell'affilato sarcasmo del narratore irlandese. Senza riandare a Pitagora (e a Platone), cominciamo con un esempio che collega il sapere ellenistico alla nascita dell'astronomia moderna. Nel III secolo a.C. Alessandria d'Egitto era il centro della cultura del mondo occidentale, scienza inclusa. Vi operavano i maggiori matematici dell'Antichità, tra cui Apollonio, nato attorno al 262 a Perga, in Asia Minore. Molte delle opere di questo grande studioso sono andate perdute; ma quella che ci è pervenuta quasi completa, le *Coniche*, è sufficiente a dargli fama imperitura. Se oggi possiamo leggerla (e prima di noi l'hanno potuto fare i padri fondatori della scienza moderna), è grazie a un manoscritto medievale in greco dei primi quattro libri, e a una versione araba dei tre libri successivi.

Nelle *Coniche* Apollonio studiò le curve che si ottengono tagliando un cono con un piano, e a una di esse – una curva chiusa dalla forma oblunga – diede il nome di «ellisse». Egli era convinto che la matematica, oltre a essere una creazione altissima dell'intelletto umano, fosse un importante strumento di descrizione e comprensione della natura. Tuttavia, non poteva immaginare che, diciassette secoli dopo, la sua ellisse si sarebbe materializzata nei cieli, più precisamente nei movimenti dei corpi celesti.

A scoprire che le orbite dei pianeti non sono circonferenze, come riteneva ancora Copernico, ma ellissi fu il tedesco Keplero (Johannes Kepler), che ne diede notizia nell'*Astronomia nova* (1609). Da quel momento astronomi e filosofi naturali cominciarono a chiedersi quale forza potesse mai produrre quelle orbite leggermente allungate. L'inglese Edmond Halley fu tra coloro che immaginarono che si trattasse di una forza inversamente proporzionale al quadrato della distanza, ma non riuscì ad andare al di là di questa mera intuizione. Nell'estate del 1684 decise così di consultare il grande Isaac Newton. Non sapeva che questi si era già posto il problema (su suggerimento di Robert Hooke) e lo aveva risolto. «Qual è la curva descritta da un pianeta sotto l'azione di una forza che decresce come il quadrato della distanza?», gli chiese seccamente Halley, quando lo incontrò. «Un'ellisse», fu la risposta. Halley non trattenne l'eccitazione: «Come fai a saperlo?», domandò all'amico e collega. «Perché l'ho calcolata», rispose lui. Tre anni dopo, nei *Philosophiae naturalis principia mathematica* (pubblicati, guarda caso, a spese di Halley), Newton enunciò la sua legge della gravitazione universale, l'archetipo di tutte le leggi matematiche della natura, e da essa dedusse le forme delle traiettorie dei corpi celesti: l'ellisse, ma anche la parabola e l'iperbole, tutte e tre le sezioni coniche. Forse anche per questo, nel 1710, Halley, che era pure un valente filologo, curò personalmente l'edizione latina del capolavoro di Apollonio. E quando, nella notte di Natale del 1758, gli astronomi osservarono in cielo una cometa dalla traiettoria fortemente ellittica, il cui ritorno, per quell'anno, era stato previsto da Halley mediante calcoli basati sulla teoria newtoniana, il trionfo di Newton e di Apollonio, della nuova scienza matematizzata e dell'antica matematica che si disvelava nella natura, poté dirsi completo.

Niente potrebbe illustrare meglio la sorprendente potenza della matematica: una figura geometrica concepita dalla mente di uno studioso alessandrino, ottenuta affettando un cono, descrive un aspetto fondamentale della natura – le orbite celesti. Attraversando la matematica ci si imbatte in una miriade di esempi analoghi. Ricordiamone qualcuno: la trigonometria, creata per fare calcoli con gli angoli e con i triangoli, descrive il suono e la luce; i numeri «immaginari», chiamati così perché si pensava che esistessero solo nell'umana fantasia, sono alla base della meccanica quantistica e della struttura della materia; i gruppi, nati per studiare le condizioni di risolubilità delle equazioni algebriche, classificano le particelle dell'universo e determinano le loro interazioni. Potremmo proseguire all'infinito (o quasi)! Sarebbe molto più azzardato, invece, indicare capitoli della matematica che non trovino applicazione nelle scienze naturali; non ci arrischiamo a farlo, per paura di essere smentiti entro la vita media di questo libro.

Nell'immaginazione comune – che si forma perlopiù sui banchi di scuola – la matematica è fatta di tre cose: numeri (aritmetica), figure (geometria), equazioni (algebra e analisi). È una partizione evidentemente grossolana; ma la useremo lo stesso come guida pratica per esplorare il mondo sterminato della matematica che pensa l'universo. Ai numeri della natura, alle figure della natura e alle equazioni della natura sono dedicati – con inevitabili intersezioni – i primi tre capitoli del libro. Il quarto capitolo contiene alcune riflessioni sugli usi della matematica nelle scienze naturali e sulla sua «irragionevole efficacia» (per usare una celebre espressione del fisico Eugene Wigner).

La vastità del tema ha comportato necessariamente una selezione degli argomenti. Non pochi settori della matematica applicata (per esempio, il calcolo delle probabilità e la statistica, la teoria dell'informazione, la teoria dei giochi, ecc.) sono stati volontariamente ignorati e troveranno posto in altri volumi della presente collana. Inoltre, il taglio divulgativo ha indotto a evitare approfondimenti che avrebbero appesantito il discorso. Il libro, dunque, non ha alcuna pretesa di esaustività, ma la bibliografia finale dovrebbe soddisfare i lettori più curiosi.

Ringraziamenti

È un piacere ringraziare le amiche e gli amici che hanno avuto la gentilezza e la pazienza di leggere il testo, fornendoci preziosi suggerimenti: Claudio Bartocci, Edoardo Boncinelli, Umberto Bottazzini, Gabriella Guglielmetti, Luca Guzzardi, Enrico Predazzi, Elio Sindoni, Antonio Sparzani, Enrico Terrinoni, Fabio Truc. Un ringraziamento particolare va ad Alessia Graziano, per l'attenzione e la cura riservata al volume.

I
I numeri della natura

Dove si vede che dare numeri alle cose è l'atto costitutivo della moderna filosofia naturale, e lo strumento di grandi sintesi scientifiche.

Contare e misurare

Sosteneva William Thomson, ovvero Lord Kelvin, uno dei maggiori fisici dell'Ottocento, che solo quando si può misurare un qualcosa ed esprimerlo in numeri lo si conosce per davvero. Fin dalla sua formazione, in effetti, la scienza moderna si è configurata come una gigantesca e sistematica opera di quantificazione del mondo. Tradurre la natura in numeri non è solo un modo per descriverla con precisione. È molto di più: è un modo per *comprenderla*, mediante la scoperta delle regolarità che si nascondono dietro l'apparente caos dell'esperienza. Ma quali sono, e che forma hanno, i numeri della natura?

Nella *Guida galattica per gli autostoppisti*, capolavoro di fantascienza umoristica di Douglas Adams, alcuni alieni «pandimensionali iperintelligenti» interpellano un supercomputer, di nome Pensiero Profondo, per conoscere la risposta alla «Domanda fondamentale sulla Vita, l'Universo e Tutto Quanto». Dopo un calcolo durato sette milioni e mezzo di anni, la macchina dà finalmente il responso: 42. Nient'altro! Agli alieni rimane la curiosità di sapere quale sia di preciso la domanda che ha 42 come risposta. Per scoprirla costruiscono un computer ancora più potente, la Terra, la quale, però, va incontro a un triste destino, perché viene distrutta da un altro popolo, rozzo e stupido, pochi minuti prima di completare il calcolo.

Gli scienziati terrestri – parliamo di quelli veri – sono più modesti: anch'essi mirano alle risposte (e alle domande) sull'universo; ma la loro prima mossa consiste nel chiedere direttamente i numeri alla natura, misurandola. E i numeri che compaiono sugli strumenti di misura sono in genere meno rotondi del 42 di Pensiero Profondo. Misurare una grandezza (una velocità, una frequenza, un'energia, una temperatura, un'intensità di campo, ecc.) significa, infatti, confrontarla con un'altra grandezza dello stesso tipo, scelta come unità di misura, e determinare il loro rapporto, che generalmente non è un numero intero.

Se, misurando il tempo di oscillazione di un pendolo con i battiti del polso (come talvolta faceva Galileo), ottenessimo il valore 6, la comparsa di questo intero sarebbe dovuta solo al fatto che il nostro orologio (il polso) non misura le frazioni di battito. Con un cronometro troveremmo, magari, 6,3 secondi, e, con uno più sensibile, 6,27 secondi. Il valore della misura, espresso in una data unità (nel caso in oggetto, i secondi), è un numero con una sequenza di cifre decimali, l'ultima delle quali è incerta, a causa sia dei limiti dello strumento sia degli errori che possono intervenire nel processo di misurazione. Maggiore è il numero di cifre decimali certe, maggiore è la precisione della misura. Con un orologio atomico riusciremmo a spingerci molto più in là dopo la virgola e potremmo dire che il tempo di oscillazione del nostro pendolo è, per esempio, di 6,2823442797 secondi. L'aumento della precisione delle misure, con la progressiva migrazione dell'incertezza verso cifre decimali sempre più remote, è una delle manifestazioni più tangibili del progresso di una scienza quantitativa.

Avendo sempre un numero limitato di cifre decimali, il risultato di una misura è quello che i matematici chiamano un numero *razionale*, cioè un numero espresso da una frazione (6,27 = 627/100). Questo numero (accompagnato dalle relative unità di misura) va inteso come un'approssimazione al valore esatto della grandezza, che non è accessibile, e che si postula sia un numero *reale*. Gli scienziati hanno per lungo tempo immaginato che tutte le grandezze della natura fossero continue, quindi esprimibili con numeri reali – i numeri in corrispondenza biunivoca con i punti di una retta. I numeri *interi* 1, 2, 3, ..., non sembrava invece che svolgessero un ruolo di qualche rilievo nelle misure (se non contingentemente, come quando misuriamo le durate in battiti del polso e le lunghezze a spanne).

Le cose cominciarono a cambiare all'inizio del Novecento, quando si scoprì la struttura granulare della materia. Divenne chiaro, allora, che alcune grandezze apparentemente continue, come la carica elettrica, sono in realtà discrete, perché consistono della somma di innumerevoli unità elementari di base.

Ma fu soprattutto la fisica dei quanti a introdurre in maniera stabile e definitiva gli interi e la discontinuità nella rappresentazione quantitativa della natura – paradossalmente, appena qualche decennio dopo la concettualizzazione rigorosa dei numeri reali e della continuità da parte dei matematici. Nel 1900 il fisico tedesco Max Planck era alle prese con un problema piuttosto particolare – la distribuzione della radiazione all'interno di una cavità il cui involucro sia mantenuto a temperatura costante (sistema noto come «corpo nero») – che sembrava resistere a ogni tentativo di soluzione nell'ambito della fisica tradizionale. Planck ricorse a uno stratagemma: ipotizzò che gli scambi di energia tra la radiazione e gli atomi delle pareti fossero discontinui, cioè avvenissero per multipli *interi* di un quanto di energia hf, dato dal prodotto della frequenza f della radiazione per una costante universale h (quella che oggi chiamiamo costante di Planck). Poi, nel 1905, in uno degli straordinari lavori di quel suo *annus mirabilis*, Albert Einstein andò oltre. Per spiegare l'effetto fotoelettrico – l'emissione di elettroni da superfici metalliche irraggiate – propose che la radiazione stessa, ovvero la luce, avesse natura discontinua, corpuscolare; che fosse cioè costituita da quanti di luce, di energia hf (in seguito battezzati fotoni).

Un passo decisivo verso la quantizzazione della natura venne compiuto nel 1913 dal danese Niels Bohr, il quale mostrò che i quanti – e, di conseguenza, i numeri interi – si annidano non solo nella radiazione, ma anche nella materia. Con la sua teoria quantistica degli atomi Bohr riuscì a spiegare una legge numerica nota da tempo, ma rimasta fino a quel momento misteriosa: la legge dello spettro dell'idrogeno. Alla fine dell'Ottocento i fisici sperimentali che studiavano la luce emessa e assorbita dagli atomi – gli spettri atomici – avevano scoperto che essa consisteva in una serie di righe discontinue di diverso colore (corrispondenti a diverse frequenze), e che nel caso dell'atomo più semplice, l'idrogeno, le frequenze delle righe mostravano una sorprendente regolarità, esprimibile in termini di numeri interi.

Le frequenze f dello spettro a righe dell'idrogeno, espresse in unità di una frequenza di base f_0, sono date da differenze di semplici frazioni, al cui denominatore compaiono quadrati di numeri interi. La formula, dovuta al fisico svedese Johannes Rydberg, è $f/f_0 = 1/m^2 - 1/n^2$, dove m e n sono interi. Le varie serie spettrali dell'idrogeno si ottengono ponendo in questa formula, per ogni m fissato, tutti gli n maggiori di m. Per esempio, la serie di Lyman, corrispondente a $m = 1$, è $f/f_0 = 1 - 1/2^2, 1 - 1/3^2, 1 - 1/4^2, \ldots$, cioè $f/f_0 = 3/4, 8/9, 15/16, \ldots$

Da dove vengono questi numeri? Finché la struttura dell'atomo di idrogeno rimase oscura (all'inizio del Novecento le idee sulla composizione della materia erano ancora vaghe), si poteva pensare che la loro presenza fosse una questione di conteggio dei costituenti atomici. Ma quando venne appurato che l'idrogeno ha un solo elettrone, si capì che la spiegazione doveva essere un'altra, più sottile. E fu Niels Bohr a intuire che i numeri che comparivano nella formula di Rydberg erano imparentati con quelli che Planck aveva dovuto introdurre (quasi «controvoglia») per spiegare la distribuzione di energia del corpo nero. Nel modello di Bohr dell'atomo di idrogeno l'elettrone descrive attorno al nucleo delle orbite circolari quantizzate, cui è associata un'energia inversamente proporzionale al quadrato n^2 di un numero intero. Quando l'elettrone passa da un'orbita con numero quantico n (ed energia proporzionale a $1/n^2$) a un'orbita inferiore, con numero quantico m

(ed energia proporzionale a $1/m^2$), emette della radiazione luminosa la cui frequenza è proporzionale a $1/n^2 - 1/m^2$. La teoria di Bohr riproduce, dunque, esattamente la formula di Rydberg, sulla base di ipotesi in contrasto con il continuismo tradizionale.

La meccanica quantistica, sviluppatasi a partire dal 1925, ha parzialmente cambiato la visione dell'atomo di idrogeno rispetto a quella fornita dalla teoria di Bohr. Oggi sappiamo, infatti, che gli elettroni non si muovono su orbite definite, ma sono descritti da nuvole di probabilità. La loro energia, però, è la stessa calcolata da Bohr, inversamente proporzionale al quadrato di un numero quantico n che etichetta i vari livelli energetici, e determina le frequenze della luce emessa e assorbita dall'atomo. Sappiamo pure che lo stato dell'elettrone è caratterizzato da due altri numeri interi, legati a una grandezza tipica dei moti rotazionali, chiamata momento angolare, e da un numero semi-intero (1/2), che specifica un'ulteriore proprietà, lo spin, una sorta di rotazione dell'elettrone su se stesso.

La meccanica quantistica ci svela dunque un mondo costellato di numeri interi (e semi-interi). Ma non tutte le proprietà fondamentali dell'universo, per quanto ne sappiamo, sono espresse da numeri di questo tipo. Molti dei parametri del cosiddetto Modello Standard, la teoria delle particelle elementari e delle loro interazioni, sono numeri decimali. Per esempio, le masse delle particelle non sembrano essere quantizzate. Forse un giorno scopriremo che lo sono, ma per il momento non si riscontra alcuna semplice regolarità numerica nel loro spettro (che va dalle piccolissime – e non ancora esattamente determinate – masse dei neutrini, milioni o miliardi di volte inferiori a quella dell'elettrone, all'enorme massa del quark top, più di trecentomila volte superiore a quella dell'elettrone).

Neanche le costanti di accoppiamento – i parametri che misurano l'intensità delle forze di natura – assumono valori interi. Una di esse, la costante di struttura fine dell'elettromagnetismo, indicata abitualmente con il simbolo α, ha generato vari esercizi numerologici, anche da parte di scienziati di vaglia, come l'astrofisico britannico Arthur Eddington. Questi credeva che il reciproco della costante, $1/\alpha$, fosse un numero intero, 137, e costruì una bizzarra teoria che spiegava tutto ciò. Gli esperimenti mostrarono, però, che $1/\alpha$ non è intero, e che quindi i conti di Eddington non avevano senso (come, in verità, si poteva sospettare fin dall'inizio). Il valore attualmente misurato di $1/\alpha$ è 137,03599914; e, al momento, non è possibile derivarlo per via teorica (il che significa che va assunto come un parametro sperimentale). Il fisico teorico statunitense Richard Feynman lo considerava «uno dei più enigmatici enigmi della fisica», e aggiungeva: «Si potrebbe quasi dire che a scrivere questo numero sia stata la "mano di Dio" e che noi "non sappiamo come Egli abbia mosso la sua matita". Sappiamo perfettamente che cosa fare sperimentalmente per avere una misura accuratissima di questo valore, ma non sappiamo che arzigogolo inventare per farlo venir fuori da un calcolatore, senza avercelo messo dentro di nascosto». Il problema è persino più ampio, perché non sappiamo predire neppure le costanti di accoppiamento delle altre forze. Complessivamente, i valori numerici presenti nel Modello Standard che non possono essere calcolati, ma vanno inseriti «a mano» nella teoria, sono più di venti. Questa è una delle principali motivazioni che spingono i fisici a cercare una teoria più estesa e più profonda di quella attuale, una teoria che permetta di prevedere i numeri della natura che oggi ci appaiono arbitrari.

Il numero delle cose

Fino all'inizio del secolo scorso, quella che molti considerano l'idea più importante della fisica, e che oggi fa parte della conoscenza comune – l'idea che suddividendo sempre più finemente la materia si arrivi a dei corpuscoli elementari (*semina rerum*, semi delle cose, li chiamava Lucrezio) – non era universalmente accettata entro la stessa comunità scientifica. La vittoria dell'atomismo fu determinata dalla misura di un numero fondamentale, il numero di atomi contenuto in un grammo di idrogeno.

Nel 1811 il chimico e fisico Amedeo Avogadro, avvocato, insegnante presso il Collegio di Vercelli e poi professore di Fisica Sublime (la fisica teorica dell'epoca) all'Università di Torino, aveva ipotizzato che volumi uguali di gas diversi contenessero lo stesso numero di «molecole» (la distinzione tra le molecole e i loro costituenti, gli atomi, sarebbe emersa chiaramente solo qualche decennio dopo). Più in generale, il «numero di Avogadro» è definito come il numero di molecole (o di atomi) presenti in una mole di una qualunque sostanza, cioè in una massa pari in grammi al peso molecolare (o atomico) di quella sostanza. Una mole di idrogeno atomico (H, peso atomico 1) corrisponde a un grammo di idrogeno; una mole di acqua (H_2O, peso molecolare 18) corrisponde a 18 grammi di acqua; una mole di sale da cucina (NaCl, peso molecolare 58) corrisponde a 58 grammi di sale, e così via. In 1 grammo di idrogeno, in 18 grammi di acqua e in 58 grammi di sale c'è lo stesso numero di Avogadro di particelle, un numero che oggi sappiamo essere enorme – circa seicentomila miliardi di miliardi, cioè 6 seguito da ventitré zeri.

I fisici capirono l'importanza di una misura precisa del numero di Avogadro (che chiameremo N_A) ai fini della comprensione della struttura della materia, e si misero al lavoro. Nel 1905 Einstein diede un contributo decisivo alla determinazione di N_A (e al successo dell'atomismo) con la sua teoria del moto browniano, fenomeno scoperto nel 1827 dal botanico scozzese Robert Brown. Questi aveva notato che i granuli di polline sospesi in un liquido mostravano un movimento caotico, a zig-zag, osservabile al microscopio. Einstein ipotizzò che i moti casuali dei granuli di polline fossero dovuti agli urti con le molecole del liquido e mostrò teoricamente che lo spostamento quadratico medio dei granuli era legato a N_A. Nel 1908 il francese Jean Perrin condusse degli esperimenti molto accurati sul moto browniano, confermando la validità della teoria einsteiniana e determinando con precisione il numero di Avogadro. Altre misure di N_A compiute su sistemi fisici diversi fornirono risultati in accordo con quelli di Perrin, e questa convergenza tra varie determinazioni indipendenti del numero di Avogadro rappresentò la prova più convincente della struttura atomica della materia.

Abbiamo detto che N_A è un numero enorme, di ventiquattro cifre. Per scrivere numeri molto grandi (o molto piccoli) conviene ricorrere alla notazione delle potenze di dieci. Per esempio, un milione, 1.000.000 (1 seguito da sei zeri), è dato da $10 \times 10 \times 10 \times 10 \times 10 \times 10$ (10 moltiplicato sei volte), e possiamo scriverlo come 10^6; un miliardo è 10^9; cinque miliardi e duecentotrentadue milioni, 5.232.000.000, è $5{,}232 \times 10^9$; eccetera. L'uno è la potenza zeresima di 10, cioè $10^0 = 1$. Le frazioni dell'unità sono date dalle potenze negative di 10: un milionesimo, 0,000.001, è 10^{-6}; tre miliardesimi, 0,000.000.003, è 3×10^{-9}.

Il valore di N_A, secondo le misure più recenti, è

$$N_A = 602.214.080.000.000.000.000.000$$

ovvero, in potenze di dieci, $6{,}0221408 \times 10^{23}$. Il fatto che nella notazione comune, dopo le prime cifre ci siano così tanti zeri, e che il numero appaia quindi piuttosto rotondo, è ingannevole. L'ultima cifra «certa», in realtà, è la penultima tra le cifre decimali nella notazione in potenze di dieci, cioè 0. La cifra successiva, 8, è incerta (così come tutti gli zeri che la seguono). Ciò significa che la misura di N_A ha un'imprecisione di circa 10.000.000.000.000.000, cioè 10^{16}. In altri termini, il numero di atomi contenuti in un grammo di idrogeno è noto con un errore di dieci milioni di miliardi di atomi. Può sembrare che dieci milioni di miliardi di atomi in più o in meno facciano una certa differenza (e per chi effettua misure di precisione è così), ma si tratta pur sempre di una piccolissima frazione del numero complessivo di atomi: in pratica, uno su sessanta milioni – come se, contando tutti gli italiani, ci sbagliassimo di un solo individuo.

Certo, ci piacerebbe conoscere il numero esatto di atomi in un grammo di idrogeno; sapere, per esempio, che sono 602.214.087.708.911.604.335.274, non uno di più né uno di meno. Questo traguardo appare, tuttavia, irraggiungibile. Per il momento, i fisici si accontenterebbero di sapere se l'ottava cifra da sinistra – l'ultima di quelle note – è davvero un 8, o piuttosto un 7 o un 9. Ciò permetterebbe, tra l'altro, di ridefinire, a partire dalla costante N_A, il chilogrammo, che è l'ultima delle unità di misura rappresentate da un campione materiale, un cilindretto di platino-iridio conservato sottovuoto in una cassaforte di Sèvres (le altre due unità di misura fondamentali, il metro e il secondo, sono legate l'una alla velocità della luce nel vuoto, l'altra a un processo atomico).

Ciò che conta nella maggior parte dei casi è solo l'ordine di grandezza della costante di Avogadro, cioè la potenza di 10 che più la approssima: 10^{24}. Questo è il numero che caratterizza il mondo macroscopico, il numero che dobbiamo avere in mente quando parliamo di tante ma davvero tante cose: quelle nascoste, per esempio, nell'inchiostro con cui sono stampate queste parole o nell'aria di un respiro. Ma, come ora vedremo, la grandezza del numero di Avogadro ha anche un'insospettata conseguenza riguardante il tempo.

La direzione del tempo

È pur necessario che [tutte le cose] subiscano qualche affezione da parte del tempo; e anche per questo noi siamo soliti dire che il tempo logora e che tutto invecchia a causa del tempo e che a causa del tempo nasce l'oblio, ma non diciamo affatto che a causa del tempo si impari o si diventi giovani e belli; giacché il tempo, di per sé, è piuttosto causa di corruzione.

Così, nella *Fisica* (IV, 12), Aristotele descriveva da par suo quello che è sotto gli occhi di tutti: il tempo scorre (o sembra scorrere) solo in una certa direzione.

La freccia del tempo, come viene chiamato comunemente questo fenomeno, fa parte integrante dell'esperienza quotidiana: non solo le persone non ringiovaniscono, ma, più banalmente, il caffè si raffredda, e non torna a essere bollente; e la zolletta di zucchero si scioglie, e non si ricompone. Se qualcuno ci mostra le immagini di un uovo sbattuto che si separa nell'albume e nel tuorlo, ci sentiamo sicuri che si tratta di uno scherzo: non può succedere, perché le cose procedono nell'*altra* direzione!

Eppure, le leggi fondamentali della fisica rimangono le stesse se invertiamo il tempo, cioè se lo facciamo scorrere nella direzione opposta (l'unica eccezione è rappresentata da alcuni processi subnucleari governati dalla forza debole, in cui si ha una piccolissima violazione di questa simmetria). A livello elementare la natura non privilegia una direzione temporale: tutti i fenomeni possono svolgersi in un verso o nell'altro. Qual è, dunque, l'origine della freccia del tempo? La risposta chiama in causa i numeri e le probabilità.

Consideriamo un recipiente diviso in due da una parete, e supponiamo che nella metà di sinistra sia contenuto un gas. Rimuovendo la parete divisoria, il gas si diffonde nella metà di destra fino a occupare in modo uniforme l'intero recipiente. Sappiamo bene che il gas non può tornare spontaneamente nella metà di sinistra. Se filmassimo il processo di diffusione e proiettassimo la pellicola al contrario, il film invertito ci apparirebbe irreale. Il gas che si diffonde in tutto il recipiente indica lo scorrere naturale del tempo.

Ma proviamo a concentrarci su una singola molecola del gas e a riprendere il suo moto. In questo caso sia il film proiettato in avanti sia quello proiettato all'indietro apparirebbero plausibili. In altri termini, non c'è niente che impedisca a ogni molecola di tornare nella metà di sinistra, e alcune molecole lo fanno; ma – ecco il punto cruciale – è estremamente improbabile, in pratica impossibile, che lo facciano tutte. La freccia del tempo, insomma, è una questione di probabilità. L'irreversibilità che osserviamo in certi processi macroscopici non deriva da un'irreversibilità microscopica dei moti delle particelle, ma è un fenomeno statistico, legato al fatto che il numero di molecole in gioco è molto grande, dell'ordine del numero di Avogadro, e la probabilità che tutte queste molecole, o molte di esse, si organizzino in un modo preciso – per esempio, che tornino tutte indietro – è straordinariamente piccola.

Per non rimanere nel vago, è utile un semplice calcolo. Chiamiamo n il numero di molecole nella metà di sinistra del recipiente, e n' il numero di molecole nella metà di destra. La somma di n e n' è uguale al numero totale N di molecole del gas: $n + n' = N$. I numeri n e n' caratterizzano lo stato macroscopico, o macrostato, del sistema. Dopo che è passato un certo tempo dalla rimozione della parete divisoria, il gas raggiunge lo stato di equilibrio: n è all'incirca uguale a n' ed entrambi questi numeri sono all'incirca uguali a $N/2$, con piccole fluttuazioni attorno a questo valore. Vogliamo ora calcolare la probabilità che le molecole del gas, dopo aver occupato l'intero recipiente, si raccolgano di nuovo nella metà di sinistra.

Supporremo per semplicità che le molecole siano 4. Poiché la prima molecola può trovarsi o a sinistra o a destra (2 possibilità), e per ognuno di questi due casi, la seconda molecola può trovarsi o a sinistra o a destra (2×2 possibilità complessive), e così via fino alla quarta molecola, le configurazioni possibili – corrispondenti alle diverse distribuzioni delle quattro molecole nelle due metà del recipiente – sono $2 \times 2 \times 2 \times 2 = 2^4 = 16$. In generale, per N molecole, le configurazioni possibili sono 2^N. Ognuna di queste configurazioni corrisponde a un diverso stato microscopico, o microstato, del sistema. Se ogni molecola ha la stessa probabilità di trovarsi a sinistra o a destra, la probabilità $P(n)$ che n molecole si trovino nella metà di sinistra è data dal rapporto tra il numero $C(n)$ di configurazioni con n molecole a sinistra (vale a dire il numero di microstati che realizzano il macrostato con n molecole a sinistra) e il numero $C_{tot} = 2^N$ di tutte le configurazioni (cioè di tutti i microstati) possibili:

$$P(n) = \frac{C(n)}{C_{tot}}.$$

Il conteggio per 4 molecole è facile (fig. 1.1). La probabilità $P(4)$ di avere quattro molecole a sinistra e zero a destra è $1/16$, uguale alla probabilità $P(0)$ di avere zero molecole a sinistra e quattro a destra; la probabilità $P(3)$ di avere 3 molecole a sinistra e una a destra è $4/16 = 1/4$, uguale alla probabilità $P(1)$ di avere una molecola a sinistra e tre a destra; la probabilità $P(2)$ di avere due molecole a sinistra

1	2	3	4	n	$C(n)$
S	*S*	*S*	*S*	4	1
S	*S*	*S*	*D*	3	4
S	*S*	*D*	*S*	3	
S	*D*	*S*	*S*	3	
D	*S*	*S*	*S*	3	
S	*S*	*D*	*D*	2	6
S	*D*	*S*	*D*	2	
S	*D*	*D*	*S*	2	
D	*S*	*S*	*D*	2	
D	*S*	*D*	*S*	2	
D	*D*	*S*	*S*	2	
S	*D*	*D*	*D*	1	4
D	*S*	*D*	*D*	1	
D	*D*	*S*	*D*	1	
D	*D*	*D*	*S*	1	
D	*D*	*D*	*D*	0	1

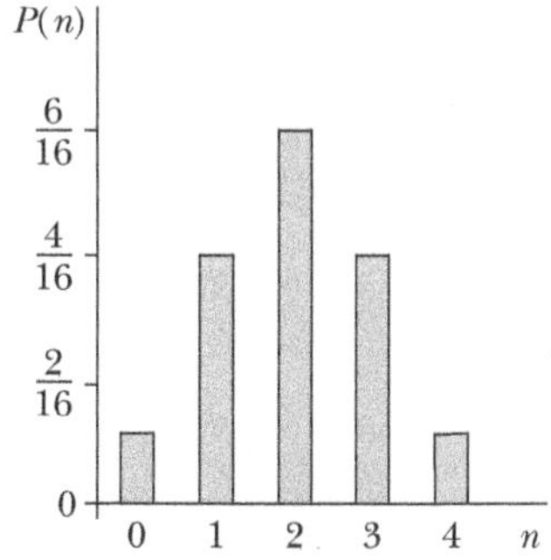

FIG. 1.1. I 16 modi possibili in cui 4 molecole (indicate con 1, 2, 3, 4) possono essere distribuite nelle due metà di un recipiente, a sinistra (*S*) o a destra (*D*). $C(n)$ è il numero di configurazioni con n molecole a sinistra e $4 - n$ a destra. L'istogramma mostra la distribuzione binomiale della probabilità $P(n)$ di uno stato macroscopico caratterizzato da n molecole a sinistra.

e due a destra è 6/16 = 3/8. Lo stato del gas in cui le molecole sono ripartite in egual misura tra le due metà del recipiente è quindi il più probabile, mentre lo stato meno probabile è quello in cui le molecole sono tutte nella stessa metà.

$C(n)$ è una quantità ben nota nel calcolo combinatorio: è il numero di combinazioni di N oggetti presi n alla volta, e si ottiene con la regola generale

$$C(n) = \frac{1 \times 2 \times 3 \times \ldots \times N}{(1 \times 2 \times 3 \times \ldots \times n)(1 \times 2 \times 3 \times \ldots \times n')}.$$

Il prodotto dei primi N numeri naturali, $1 \times 2 \times 3 \times \ldots \times N$, il cosiddetto fattoriale di N, indicato con $N!$, è il numero di permutazioni, cioè di possibili riordinamenti, di N oggetti. Poiché non conta quali molecole sono a sinistra e quali a destra, ma solo che ci siano n molecole a sinistra e n' a destra, e i riordinamenti di queste molecole sono rispettivamente $n!$ e $n'!$, il numero $C(n)$ delle combinazioni si ottiene, come si vede nella formula appena scritta, dividendo $N!$ per $n!$ e $n'!$.

In definitiva, la probabilità di un certo stato macroscopico caratterizzato da n molecole a sinistra e n' molecole a destra è data da

$$P(n) = \frac{1}{2^N} \frac{N!}{n!\, n'!}.$$

Questa distribuzione di probabilità (fig. 1.1) è chiamata distribuzione binomiale, perché i numeri $C(n)$ sono i coefficienti dello sviluppo del binomio $(a+b)^N$: per $N=4$, si ha $(a+b)^4 = a^4 + 4a^3b + 6a^2b^2 + 4ab^3 + 1$.

Facendo aumentare progressivamente il numero di molecole N, la distribuzione binomiale approssima sempre di più una distribuzione continua chiamata «gaussiana» (dal nome di Carl Friedrich Gauss, il «Principe dei matematici»), dalla caratteristica forma a campana (fig. 1.2), che ha numerose applicazioni in statistica. Lo stato di massima probabilità, corrispondente al picco della gaussiana, si ha quando il numero n di molecole a sinistra è la metà del numero totale di molecole, $N/2$, e questa è in effetti la condizione di equilibrio del gas. Le code della distribuzione corrispondono agli stati meno probabili,

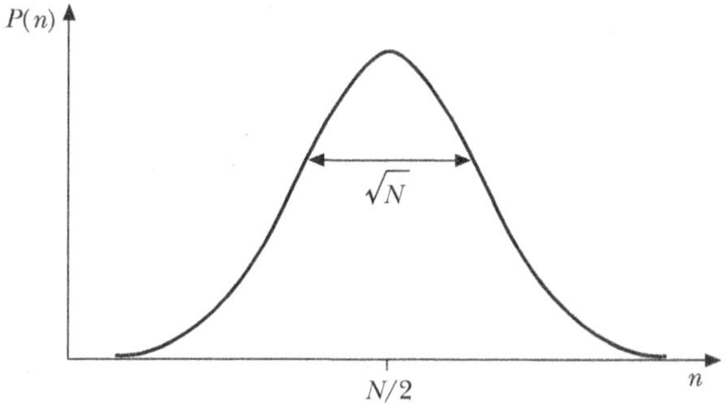

FIG. 1.2. La distribuzione gaussiana.

quelli con la maggior parte delle molecole a sinistra o a destra.

Non bisogna pensare, però, che nello stato di equilibrio il numero di molecole nelle due metà del recipiente sia esattamente $N/2$. Questo numero fluttua in continuazione, e il suo scarto medio dal valore più probabile $N/2$, misurato dalla larghezza della gaussiana, è $\sqrt{N}$. Quel che conta, tuttavia, è lo scarto relativo, che si ottiene dividendo lo scarto assoluto $\sqrt{N}$ per il numero N di molecole, e vale quindi $1/\sqrt{N}$, l'inverso della radice quadrata di N: maggiore è N, minore è la frazione media di molecole che deviano dalla configurazione più probabile. Se le molecole sono 100, per esempio, ci aspettiamo che nello stato di equilibrio 50 di esse si trovino a sinistra e 50 a destra, ma 10 (un decimo del totale) si spostano mediamente da una parte all'altra.

Abbiamo visto che nel caso di 4 molecole, la probabilità che esse si trovino tutte a sinistra o tutte a destra è una su 2^4, cioè 1/16. In generale, se le molecole sono N, la probabilità che si trovino tutte a sinistra o tutte a destra è una su 2^N. Ma in una situazione realistica *N* è dell'ordine del numero di Avogadro, cioè 10^{24}. La probabilità che tutte queste molecole, dopo aver occupato l'intero recipiente, si raccolgano in una delle sue metà è una su $2^{(10^{24})}$, un numero incredibilmente piccolo, a tutti gli effetti approssimabile con zero. Ecco come nasce la freccia del tempo: dopo aver raggiunto l'equilibrio e occupato tutto il recipiente, il gas non torna spontaneamente nella metà in cui si trovava all'inizio, perché questo processo è altamente improbabile, proprio a causa della grandezza del numero di Avogadro.

I sistemi naturali tendono verso stati più probabili, ed è questo che determina la direzione temporale dei processi. Il secondo principio della termodinamica (che in una delle sue versioni porta il nome di Kelvin) lega la freccia del tempo all'aumento di una grandezza, l'entropia, introdotta dal tedesco Rudolf Clausius; in particolare, esso stabilisce che l'entropia di un sistema chiuso, soggetto a trasformazioni irreversibili, cresce sempre. Possiamo allora immaginare che ci sia una relazione tra l'entropia (indicata in genere con la lettera *S*) e la probabilità *P* del macrostato di un sistema, o, equivalentemente, il numero *C* di microstati che realizzano quel macrostato (nell'esempio che abbiamo fatto, il numero di configurazioni con *n* molecole a sinistra). Questa relazione, scoperta dal fisico teorico austriaco Ludwig Boltzmann è:

$$S = k \ln C.$$

Nella formula, *k* è la costante di Boltzmann e «ln» indica il logaritmo naturale, una funzione matematica che cresce al crescere del suo argomento e si annulla quando questo vale 1.

L'entropia è anche una misura del disordine dei vari sistemi. Il gas che riempie tutto il contenitore è più disordinato del gas confinato in un angolo; lo zucchero sciolto nel caffè è più disordinato della zolletta di zucchero. Maggiore è il numero di configurazioni microscopiche che realizzano un certo stato macroscopico, maggiore è il grado di disordine di quello stato. Tendendo verso stati più probabili, dunque, la freccia del tempo punta anche a un aumento del disordine.

Il catalogo è questo

A metà del Seicento uno dei protagonisti della Rivoluzione scientifica, il fisico e astronomo olandese Christiaan Huygens, osservò il primo satellite di Saturno, Titano. Era la più importante scoperta astronomica dopo l'osservazione delle quattro «lune» di Giove a opera di Galileo Galilei. Huygens avrebbe potuto osservare altri satelliti di Saturno, se avesse proseguito nella ricerca; ma non lo fece (quattro satelliti, Giapeto, Rea, Dione, Teti, vennero scoperti da Gian Domenico Cassini pochi anni dopo, tra il 1671 e il 1684). Il motivo dell'omissione venne «spiegato» dallo stesso Huygens. Con la scoperta del primo satellite di Saturno, il numero complessivo di pianeti secondari (cioè di satelliti) nel sistema solare saliva a 6 (comprendendo i quattro di Giove e la nostra Luna). Era lo stesso numero di pianeti primari (Mercurio, Venere, Terra, Marte, Giove, Saturno). Huygens pensò che questa corrispondenza numerica – 6 pianeti primari, 6 pianeti secondari – fosse troppo bella per non essere vera. Inoltre, il 6 è un numero perfetto (cioè uguale alla somma dei suoi divisori, 6 = 1 + 2 + 3), e questo accresceva, agli occhi di Huygens, la plausibilità dell'ipotesi che fosse il numero definitivo dei corpi celesti.

Oggi sappiamo che i pianeti propriamente detti del Sistema Solare sono 8 (il nono, Plutone, è stato declassato nel 2006 a «pianeta nano») e che i loro satelliti sono più di 180, e l'attaccamento di Huygens al numero 6 ci fa sorridere. Ma che cosa dobbiamo pensare allora dei fisici che, dopo aver scoperto decine di particelle composte da 3 quark costituenti, sono convinti che non esistano particelle fatte di 4 quark? Il numero 3 è forse più attraente del 4?

L'atteggiamento dei fisici delle particelle, in realtà, è legittimo, e giustificato da una teoria matematica straordinariamente potente, la teoria dei gruppi. Questa è alla base di molte delle regolarità numeriche che si osservano a livello atomico e subatomico, e dei meccanismi stessi di funzionamento della natura: incorporata in alcune teorie fisiche, organizza gli elementi nella tavola periodica, ordina i nuclei atomici, prescrive che i costituenti del protone siano proprio tre, e fissa le caratteristiche generali di tutte le particelle – in sintesi, fornisce un vero e proprio catalogo dell'universo.

Per capire come ciò sia possibile, dobbiamo partire da lontano, dall'alba del 30 maggio 1832, quando un colpo di pistola esploso nel corso di un duello mise fine alla giovanissima esistenza di Évariste Galois, ventenne genio della matematica. La notte precedente, Galois aveva scritto all'amico Auguste Chevalier una lunga lettera in cui riassumeva il contenuto delle sue ricerche sulla risolubilità delle equazioni algebriche – ricerche che già nel 1830 (quando aveva appena diciotto anni) lo avevano portato a concepire una teoria straordinariamente innovativa, che per una serie di sfortunate circostanze non era riuscito a presentare all'Accademia francese delle Scienze. La sua opera fu pubblicata postuma nel 1846, ma ci vollero ancora molti anni prima che fosse pienamente compresa e apprezzata.

Dopo la scoperta, da parte degli algebristi italiani del Cinquecento (Tartaglia, Cardano, Bombelli, Ferrari), delle formule generali per la risoluzione delle equazioni algebriche fino al quarto grado, per due secoli i matematici si erano esercitati infruttuosamente nella ricerca di una formula simile per le equazioni di quinto grado. Attorno al 1770, Joseph-Louis Lagrange, analizzando approfonditamente i tentativi svolti fino a quel momento, congetturò che tale formula non esistesse. In effetti, pochi decenni dopo, l'italiano Paolo Ruffini e il norvegese Niels Henrik Abel fornirono la dimostrazione della non esistenza di formule generali risolutive per le equazioni di grado superiore al quarto. Il fatto che queste formule non esistano non significa, però, che una particolare equazione non possa essere risolta per radicali, cioè esprimendo le sue soluzioni mediante operazioni aritmetiche e radici (quadrate, cubiche, ecc.). Si noti che è perfettamente sensato parlare di tali soluzioni perché, in virtù del cosiddetto «teorema fondamentale dell'algebra» (dimostrato da Gauss nel 1797, ma noto già da tempo), per un'equazione algebrica di grado *n* esistono esattamente *n* soluzioni, reali o complesse, contate con la debita molteplicità. Questo teorema, tuttavia, ha una portata puramente esistenziale e non ci dice come sono fatte le soluzioni, né tanto meno come calcolarle. I matematici del

Settecento cominciarono, dunque, a chiedersi sotto quali condizioni un'equazione ammettesse soluzioni esprimibili mediante radicali.

Galois risolse brillantemente questo problema con una mossa a sorpresa. Mostrò che per stabilire le condizioni di risolubilità di un'equazione per radicali bisogna vedere che cosa succede quando si effettua una permutazione delle sue soluzioni, cioè quando le si scambia tra loro. Se indichiamo con (x_1, x_2, x_3) le tre soluzioni di un'equazione di terzo grado, una loro possibile permutazione è $(x_1, x_2, x_3) \rightarrow (x_2, x_1, x_3)$; un'altra permutazione è $(x_1, x_2, x_3) \rightarrow (x_3, x_2, x_1)$, e così via. Il numero di permutazioni delle tre soluzioni (e più in generale di tre oggetti) è $1 \times 2 \times 3 = 6$, ovvero, con una terminologia che abbiamo già incontrato, il fattoriale di 3. Le permutazioni formano un insieme, cui Galois diede il nome di «gruppo», che ammette una legge di composizione dei suoi elementi (è possibile cioè comporre due permutazioni effettuandole di seguito) e possiede alcune proprietà: *a*) componendo due permutazioni, se ne ottiene un'altra; *b*) esiste una permutazione «identica» (quella che non scambia le soluzioni); *c*) per ogni permutazione esiste la permutazione inversa (quella che annulla l'effetto della precedente); *d*) componendo tre permutazioni, si ottiene lo stesso risultato sia che si compongano le prime due e il risultato ottenuto con la terza, sia che si componga la prima permutazione con il risultato ottenuto dalla composizione delle ultime due. Nel caso specifico delle equazioni algebriche, fra tutte le permutazioni ce ne sono alcune che lasciano invariate le relazioni esistenti tra le soluzioni dell'equazione. Galois dimostrò che un'equazione è risolubile per radicali quando il gruppo di queste permutazioni possiede delle proprietà matematiche ben precise.

La teoria dei gruppi, nata per risolvere un problema algebrico, nei decenni successivi (grazie soprattutto ai lavori di Arthur Cayley, Camille Jordan, e Sophus Lie) doveva rivelarsi una delle teorie matematiche più importanti e feconde per la stessa pensabilità del mondo. La sua enorme rilevanza per le scienze della natura sta nel fatto che essa descrive le trasformazioni di simmetria, cioè le trasformazioni che lasciano invariate le figure, in geometria, o le leggi, in fisica. Un triangolo equilatero, per esempio, è simmetrico per rotazioni di 120° (un terzo di angolo giro), di 240° (due terzi di angolo giro) e di 360° (un angolo giro): rotazioni di questo tipo sono dette «di ordine tre» (in generale, un poligono regolare di *n* lati è simmetrico per rotazioni di ordine *n*, cioè di 360°/*n* e multipli). Il triangolo equilatero è simmetrico anche per riflessioni rispetto ai tre assi passanti per i vertici e perpendicolari ai lati opposti. Complessivamente, quindi, un triangolo equilatero ha sei trasformazioni di simmetria (tre rotazioni e tre riflessioni), che formano un gruppo. Il fatto interessante, che illustra la potenza e la generalità della teoria dei gruppi, è che questo gruppo ha la stessa struttura del gruppo delle permutazioni di tre oggetti, che contiene anch'esso sei elementi: è possibile, infatti, mettere in corrispondenza biunivoca le trasformazioni di simmetria del triangolo con le permutazioni di tre oggetti, e le regole di composizione delle prime sono identiche alle regole di composizione delle seconde. Una corrispondenza di questo tipo tra gruppi viene chiamata isomorfismo, e due gruppi isomorfi, come il gruppo delle permutazioni di tre oggetti e il gruppo di simmetria del triangolo equilatero, sono, da un punto di vista matematico, identici, nonostante la diversa natura dei loro elementi (nello studio delle strutture algebriche astratte si constata come la sostanza sia secondaria, e la relazione primaria).

In fisica le trasformazioni di simmetria lasciano invariate le leggi che governano i sistemi. Per esempio, il fatto che la forza di gravità dipenda dalla distanza tra due corpi e non dalla direzione del segmento che li congiunge, implica che le leggi dei fenomeni gravitazionali siano simmetriche rispetto alle rotazioni (cioè ai cambiamenti di direzione). Tali rotazioni, a differenza di quelle che lasciano invariato un triangolo equilatero o un poligono regolare, sono continue, cioè di angolo generico. Il gruppo di simmetria della legge di gravità – il gruppo delle rotazioni nello spazio tridimensionale – contiene, quindi, infiniti elementi, ognuno dei quali è etichettato da parametri continui (gli angoli di rotazione). I gruppi continui di trasformazioni – i cosiddetti «gruppi di Lie» (da Sophus Lie, il matematico norvegese che li studiò nella seconda metà dell'Ottocento) – sono di grande rilevanza perché quasi tutte le trasformazioni di simmetria della fisica formano dei gruppi di Lie. E poiché le simmetrie sono princìpi generali che regolano le leggi di natura, la teoria *matematica* di questi gruppi fornisce direttamente una serie di informazioni sui meccanismi di funzionamento dell'universo e sulla sua composizione, cioè sulle entità *fisiche* fondamentali.

Siamo così tornati alla questione iniziale: come spiegare matematicamente il catalogo dell'universo.

Cominciamo con gli atomi. Nella tavola periodica gli elementi sono disposti secondo il loro numero atomico (il numero di protoni nei nuclei), lungo alcune righe chiamate «periodi». L'elemento più leggero è l'idrogeno, di numero atomico 1; l'elemento più pesante è, per il momento, l'ununoctio (nome provvisorio), di numero atomico 118, che completa il settimo periodo della tavola. Stando alla meccanica quantistica, gli elettroni atomici si dispongono su livelli discontinui di energia, caratterizzati da valori interi del momento angolare e riuniti in «strati». Ogni periodo della tavola periodica corrisponde al riempimento progressivo di uno strato, fino a una configurazione – quella dei gas detti «nobili» – in cui un intero strato è completo. Questa struttura è determinata essenzialmente dalla teoria dei gruppi. Anzitutto, il gruppo delle rotazioni stabilisce il numero di valori possibili del momento angolare, e di conseguenza il numero di livelli energetici in ogni strato. Una regola nota come principio di esclusione di Pauli impone poi che ogni livello possa contenere al più due elettroni (di spin opposto). Questo principio trae anch'esso origine dalla teoria dei gruppi: infatti, può essere riformulato dicendo che la funzione d'onda atomica deve avere particolari proprietà di simmetria rispetto alle permutazioni degli elettroni, che, come sappiamo, formano un gruppo (lo stesso introdotto da Galois).

Dmitrij Mendeleev, l'autore della prima tavola periodica (che risale al 1869), non conosceva gli elettroni, né tantomeno immaginava che all'interno della materia ci fossero livelli energetici quantizzati. Le regolarità che egli trovò nel sistema degli elementi erano basate su dati chimici. Osservando delle lacune nella tavola periodica, predisse l'esistenza di tre nuovi elementi, lo scandio, il gallio e il germanio, trovati di fatto qualche anno dopo. Oggi sappiamo che il suo sistema è una conseguenza di simmetrie fisiche descritte dalla teoria matematica dei gruppi.

Qualcosa di simile si verifica nel mondo subnucleare. Alla fine degli anni Cinquanta del secolo scorso, i fisici cercavano di mettere ordine nella giungla di particelle, che, grazie ai primi potenti acceleratori, venivano scoperte a un ritmo vertiginoso. La necessità di classificare queste particelle (che erano ormai varie decine) e di comprenderne le proprietà diventava sempre più urgente. Una di queste proprietà era la carica elettrica, espressa da un numero intero; un'altra, scoperta proprio in quegli anni e anch'essa etichettata da un numero intero, era stata battezzata, con una certa fantasia, «stranezza». Il fisico teorico statunitense Murray Gell-Mann cercò a lungo di trovare qualche regolarità tra la carica e la stranezza che permettesse di classificare le particelle, e alla fine ci riuscì grazie al suggerimento di un giovane collega matematico, Richard Block. Nel 1961 Gell-Mann propose che le particelle fossero organizzate secondo le simmetrie di un gruppo di Lie noto con la sigla SU(3). Questo gruppo prevede che ci siano multipletti di 8 e di 10 elementi. Mentre l'ottetto era riempito dalle particelle conosciute (compresi il protone e il neutrone), nel decupletto rimaneva una casella vuota: una particella mancava all'appello. Ma proprio come era successo nel caso del sistema periodico di Mendeleev, la simmetria ne prevedeva l'esistenza e le caratteristiche. Questa particella (chiamata Ω^-) fu effettivamente scoperta nel 1964. Ispirato dalla presenza dell'ottetto, Gell-Mann

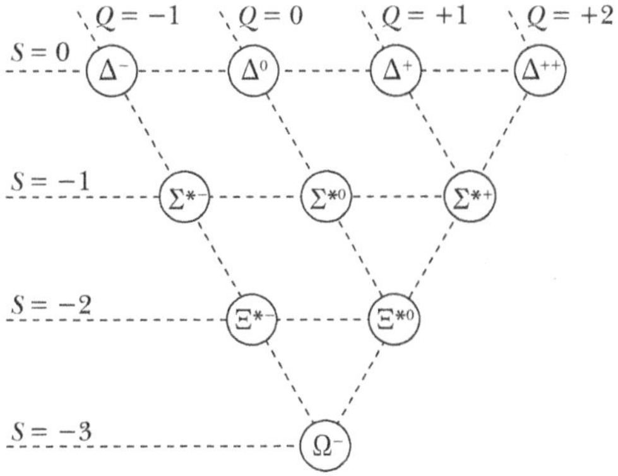

FIG. 1.3. Le dieci particelle del decupletto di SU(3), disposte in base alla carica elettrica (*Q*) e alla «stranezza» (*S*).

chiamò la simmetria SU(3) l'«ottuplice via», con un termine proveniente dalla tradizione buddhista; ma guardando il decupletto (fig. 1.3), si vede che potrebbe chiamarsi – con un omaggio alla tradizione pitagorica, molto pertinente in questo caso – simmetria della *tetraktys* (la disposizione a triangolo che rappresenta la somma dei primi quattro numeri naturali).

Il gruppo SU(3) comporta anche l'esistenza di oggetti di carica frazionaria (1/3 e 2/3), che combinati tra loro permettono di costruire l'ottetto e il decupletto delle particelle osservate. A queste entità Gell-Mann diede il nome di *quark*, una parola dal significato ambiguo, che trasse da *Finnegans Wake* di James Joyce. Per un certo tempo Gell-Mann ritenne che i quark non esistessero realmente, e che la costruzione dell'ottetto e del decupletto fosse solo una procedura matematica. Tuttavia, si scoprì qualche anno dopo che la natura attua davvero questa operazione, e costruisce le particelle osservate a partire dai quark. I «barioni», come il protone e il neutrone, sono costituiti da tre quark; i «mesoni», come il pione, sono costituiti da un quark e da un antiquark (di carica opposta).

E torniamo così alla domanda iniziale: perché proprio tre quark? Non potrebbero esserci particelle fatte di due o di quattro quark costituenti? La risposta viene ancora da un gruppo di simmetria, anch'esso del tipo SU(3), ma fisicamente diverso da quello dell'ottuplice via. Questo nuovo gruppo prevede che ogni quark esista in tre varietà, caratterizzate da una proprietà quantistica chiamata «colore». Il colore, però, è una proprietà nascosta e non può emergere nelle particelle osservate, che devono essere neutre. Perché ciò si verifichi è necessario che tre quark combinino i loro colori in modo da neutralizzarli (così come, combinando il rosso, il verde e il blu, si ottiene il bianco: dietro questi discorsi metaforici – è bene precisarlo – ci sono precise regole matematiche). Quattro quark, invece, non possono essere neutri di colore. Ecco perché non esistono particelle composte da quattro quark. Ma due quark e due antiquark, o quattro quark e un antiquark, combinati assieme, potrebbero essere neutri di colore. Niente, in linea di principio, proibisce l'esistenza di questi stati «esotici», e la loro ricerca sperimentale è attualmente molto attiva. Sono note alcune particelle che potrebbero essere stati di due quark e due antiquark (ma questa attribuzione non è sicura), e recentemente è stato scoperto un barione che molto probabilmente è costituito da quattro quark e un antiquark. Ancora una volta, ciò che è permesso dalla matematica sembra essere realizzato dalla natura.

Immaginari al potere

In fatto di numeri, la fisica quantistica non è avara di sorprese. Una di queste consiste in un clamoroso esordio: irrompono sulla scena della natura i numeri complessi, quelli che contengono l'unità immaginaria i, cioè la radice quadrata di -1. Questi numeri furono introdotti nella seconda metà del Cinquecento dal bolognese Raffaele Bombelli per trattare le soluzioni di certe equazioni algebriche che contenevano radici quadrate di numeri negativi. Sebbene tali soluzioni servissero – come scrisse il matematico Albert Girard – alla «certezza delle regole generali», esse erano considerate «impossibili» o «fantastiche» dalla maggior parte degli studiosi di algebra, e furono largamente ignorate. Cartesio (René Descartes) le chiamò «immaginarie», per indicare che esistevano solo nell'immaginazione, e da allora il termine è rimasto in uso. Per alcuni secoli i numeri complessi continuarono a essere la bestia nera dei matematici, e furono definitivamente accettati solo nell'Ottocento.

Un numero complesso ha la forma $z = a + bi$, dove a e b sono numeri reali (a è detta «parte reale» del numero complesso; b «parte immaginaria») e $i = \sqrt{-1}$ (quindi $i^2 = -1$). Possiamo rappresentarlo graficamente come un punto P in un piano, riportando a e b su due assi perpendicolari (fig. 1.4). Il modulo di z, indicato con $|z|$, è la lunghezza del segmento che congiunge il punto P con l'origine O degli assi. Applicando il teorema di Pitagora al triangolo rettangolo che ha $|z|$ come ipotenusa e a e b come cateti, si trova che $|z|$ vale $\sqrt{a^2 + b^2}$.

Se θ è l'angolo che il segmento OP forma con l'asse orizzontale, la trigonometria ci dice che il cateto a è

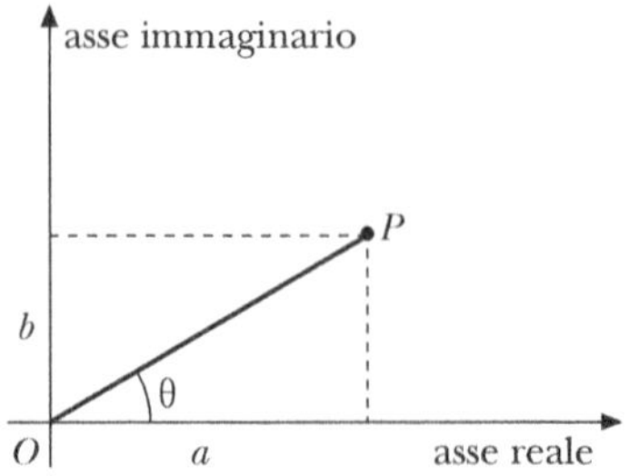

FIG. 1.4. Il piano complesso.

uguale al prodotto dell'ipotenusa per il coseno di θ, $a = |z| \cos\theta$, mentre il cateto b è uguale al prodotto dell'ipotenusa per il seno di θ, $b = |z| \operatorname{sen}\theta$. Un numero complesso $z = a + bi$ può quindi essere scritto nella forma $z = |z| (\cos\theta + i \operatorname{sen}\theta)$, e l'angolo θ è il cosiddetto argomento (o fase) del numero.

Mentre per la fisica classica i numeri complessi sono solo espedienti matematici, usati in alcuni contesti (per esempio, nello studio dei circuiti elettrici) per semplificare la trattazione e il calcolo, nella fisica quantistica essi diventano veri numeri della natura. Lo stato quantistico di un sistema fisico è specificato, infatti, da un insieme di numeri complessi. In particolare, la funzione d'onda, che descrive il moto di una particella, assegna a ogni punto dello spazio un numero complesso e consiste quindi in una successione infinita di numeri complessi $(z_1, z_2, z_3, \ldots)$.

Ma che cosa rappresentano questi numeri? A chiarirlo fu, nel 1926, il fisico tedesco Max Born, che per questo ottenne – piuttosto tardivamente, nel 1954 – il premio Nobel. Egli capì che la funzione d'onda ha un significato probabilistico: non ci dice dove si trova la particella, ma solo qual è la probabilità che, istante per istante, essa si trovi in un dato punto dello spazio. Se in un certo punto la funzione d'onda vale z, la probabilità che la particella si trovi proprio lì è il modulo quadro di z, cioè $|z|^2$. La funzione d'onda è, come si dice, un'«ampiezza di probabilità», nel senso che il quadrato del suo modulo è una probabilità. La quantità $|z|^2$ è evidentemente reale e non negativa, e deve essere minore di 1, perché una probabilità è sempre compresa tra 0 (evento impossibile) e 1 (evento certo). Inoltre, la somma dei moduli quadri di tutti i numeri complessi che compongono la funzione d'onda – cioè la somma delle probabilità che la particella si trovi in uno qualunque dei punti dello spazio – deve valere 1, perché la particella si trova certamente da qualche parte.

Per comodità di scrittura abbiamo etichettato i valori complessi della funzione d'onda con un indice discreto, sebbene il loro insieme (che è in corrispondenza biunivoca con quello dei punti dello spazio) costituisca un'infinità continua. Esistono, però, altre caratteristiche dei sistemi fisici che sono specificate proprio da un insieme finito o da un'infinità numerabile di numeri complessi. Una di queste è lo spin, il moto rotatorio intrinseco delle particelle. Ogni particella ha un determinato spin, che può assumere solo valori interi (0, 1, 2, ...) o semi-interi (1/2, 3/2, ...). Lo spin dell'elettrone vale 1/2 e può avere, rispetto a un asse arbitrario, due possibili orientazioni, *su* e *giù*, che corrispondono ai due versi di rotazione. Lo stato di spin dell'elettrone è identificato, dunque, da due soli numeri complessi ($z_\uparrow$, $z_\downarrow$), che rappresentano le ampiezze di probabilità che lo spin sia orientato verso l'alto o verso il basso.

Molte delle proprietà peculiari e controintuitive del mondo quantistico sono legate alla presenza dei numeri complessi. C'è un famosissimo esperimento, originariamente solo concettuale, poi effettivamente realizzato, che illustra una di queste proprietà. Immaginiamo di inviare un fascio di elettroni contro una lastra che ha due piccole fenditure (chiamia-

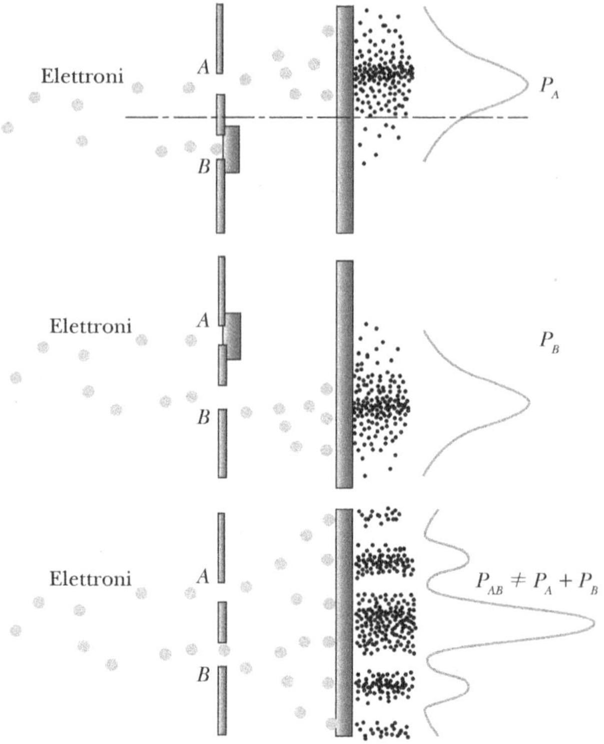

FIG. 1.5. L'esperimento della doppia fenditura con un fascio di elettroni. In alto e al centro gli elettroni si accumulano in corrispondenza dell'unica fenditura aperta. In basso sono aperte entrambe le fenditure e si osserva una figura di interferenza.

mole *A* e *B*), e di raccogliere gli elettroni diffusi su uno schermo posto dietro la lastra (fig. 1.5). Se inizialmente chiudiamo a turno una delle due fenditure, gli elettroni si accumulano sullo schermo in corrispondenza dell'altra fenditura. Che cosa succede se lasciamo aperte entrambe le fenditure? Se gli elettroni si comportassero come particelle classiche (biglie, proiettili, ecc.), la loro distribuzione sullo schermo sarebbe data dalla somma delle distribuzioni che si osservano quando è chiusa la fenditura A, o la fenditura B. In altri termini, la probabilità P_{AB} di rilevare un elettrone in un certo punto dello schermo con le fenditure entrambe aperte sarebbe la somma della probabilità P_A di rilevare l'elettrone in quel punto con la sola fenditura A aperta, e della probabilità P_B di rilevarlo nello stesso punto con la sola fenditura B aperta: $P_{AB} = P_A + P_B$. Classicamente, il passaggio dell'elettrone da A e il passaggio dell'elettrone da B sono situazioni mutuamente esclusive, e la probabilità che si verifichi o l'una o l'altra, P_{AB}, è la somma delle probabilità singole P_A e P_B. Se valesse questa legge classica, dovremmo vedere il massimo numero di elettroni nella zona dello schermo posta tra le due fenditure, e un numero progressivamente decrescente man mano che ci si allontana dal punto di mezzo. Ma questo non è ciò che si osserva sperimentalmente. Quando le fenditure sono tutte e due aperte, gli elettroni sullo schermo si distribuiscono lungo zone di maggiore e minore densità, formando quella che si chiama una figura di interferenza, con un massimo centrale e una successione di massimi e di minimi. Evidentemente, dunque, P_{AB} *non* è uguale a $P_A + P_B$. Lo stesso fenomeno si verifica classicamente, ma con le onde, non con le particelle.

Come spiegare il comportamento «ondulatorio» degli elettroni e le loro figure di interferenza? La meccanica quantistica prevede che, in presenza di due alternative, si sommino le loro ampiezze di probabilità (cioè le funzioni d'onda), non le probabilità (cioè i moduli delle funzioni d'onda elevati al quadrato). Nel caso dell'esperimento della doppia fenditura, se z_A è l'ampiezza di probabilità che l'elettrone attraversi la fenditura A, e z_B è l'ampiezza di probabilità che l'elettrone attraversi la fenditura B, l'ampiezza di probabilità z_{AB} che l'elettrone attraversi l'una o l'altra fenditura è $z_{AB} = z_A + z_B$. Le probabilità sono i moduli quadri delle ampiezze: $P_A = |z_A|^2$ è la probabilità che la particella passi da A, $P_B = |z_B|^2$ è la probabilità che la particella passi da B, $P_{AB} = |z_{AB}|^2 = |z_A + z_B|^2$ è la probabilità che la particella passi o da A o da B. Ma il modulo quadro della somma di due numeri complessi non è la somma dei moduli quadri dei due numeri, e quindi P_{AB} non è uguale alla somma di P_A e P_B. Si può dimostrare, con qualche calcolo, che la relazione corretta è

$$P_{AB} = P_A + P_B + 2|z_A||z_B| \cos\varphi$$

dove φ è l'angolo compreso tra i segmenti che rappresentano i numeri complessi z_A e z_B. Rispetto alla somma delle probabilità delle singole alternative (passaggio da A e passaggio da B), c'è un termine aggiuntivo, $2|z_A||z_B| \cos\varphi$, che è responsabile dell'interferenza. Questo termine può assumere valori positivi o negativi: nei punti dello schermo in cui $\varphi = 0°$, cioè $\cos\varphi = 1$, l'interferenza è costruttiva (le due alternative si rafforzano) e vediamo un maggior numero di particelle; nei punti dello schermo in cui $\varphi = 180°$, cioè $\cos\varphi = -1$, l'interferenza è distruttiva (le due alternative si indeboliscono) e vediamo un minor numero di particelle. Ecco spiegata la successione di massimi e minimi che si osserva sullo schermo.

I fenomeni di interferenza, dovuti ai valori complessi della funzione d'onda, sono al cuore della meccanica quantistica e del funzionamento del mondo atomico e subatomico. Come osserva acutamente la protagonista del romanzo di Peter Høeg *Il senso di Smilla per la neve*, i numeri complessi sono «il primo sistema numerico all'interno del quale è possibile dare una spiegazione soddisfacente della formazione dei cristalli di ghiaccio».

L'ordine dei fattori

I quanti riservano un'altra sorpresa matematica. Nel suo primo articolo sulla nuova teoria, Werner Heisenberg evidenziò una stranezza algebrica: il prodotto di due grandezze quantistiche non gode in generale della proprietà commutativa, cioè dipende dall'ordine dei fattori. Quando moltiplichiamo due numeri ordinari, per esempio 3 e 5, non fa alcuna differenza se calcoliamo il prodotto 3×5 o il prodotto 5×3: il risultato, in entrambi i casi, è 15. Ma se si moltiplica la posizione x di una particella per la sua quantità di moto p (massa per velocità), xp, si ottiene un risultato diverso da quello che si ottiene invertendo l'ordine dei due fattori, ossia moltiplicando la quantità di moto per la posizione, px.

In un primo momento, dando per scontato che le grandezze fisiche dovessero essere rappresentate da numeri ordinari e godere dunque della proprietà commutativa della moltiplicazione, Heisenberg vide nella violazione di questa proprietà «un difetto significativo» della nuova teoria. Ma il suo maestro Max Born, che in gioventù era stato assistente di David Hilbert, uno dei maggiori matematici dell'epoca, riconobbe nelle quantità non commutanti come x e p degli oggetti chiamati «matrici».

Le matrici, ideate nell'Ottocento dall'inglese Arthur Cayley – un grande matematico che faceva l'avvocato, avendo rifiutato una sistemazione accademica presso l'Università di Cambridge, amministrata allora dalla Chiesa anglicana, per evitare di prendere gli ordini sacri –, sono tabelle di numeri organizzati in righe e colonne, con cui si possono effettuare delle operazioni aritmetiche secondo adeguate convenzioni. Per moltiplicare due matrici, per esempio, si conviene di moltiplicare ogni riga della prima per ogni colonna della seconda. Supponiamo di voler moltiplicare le matrici

$$\begin{pmatrix} 2 & 1 \\ 1 & 0 \end{pmatrix} \quad \text{e} \quad \begin{pmatrix} 1 & 2 \\ 0 & 3 \end{pmatrix}.$$

L'elemento in alto a sinistra della matrice prodotto si ottiene moltiplicando la prima riga per la prima colonna e sommando i termini, cioè: $(2 \times 1) + (1 \times 0) = 2$. Procedendo nello stesso modo si trova l'elemento in alto a destra (prima riga, seconda colonna), $(2 \times 2) + (1 \times 3) = 7$, l'elemento in basso a sinistra (seconda riga, prima colonna), $(1 \times 1) + (0 \times 0) = 1$, l'elemento in basso a destra (seconda riga, seconda colonna), $(1 \times 2) + (0 \times 3) = 2$. Il risultato finale è:

$$\begin{pmatrix} 2 & 1 \\ 1 & 0 \end{pmatrix} \times \begin{pmatrix} 1 & 2 \\ 0 & 3 \end{pmatrix} = \begin{pmatrix} 2 & 7 \\ 1 & 2 \end{pmatrix}.$$

Il prodotto di matrici così definito, a differenza del prodotto ordinario, non gode della proprietà commutativa. Lasciamo al lettore il compito di controllare che, invertendo l'ordine delle matrici che abbiamo appena moltiplicato, si ottiene un risultato diverso da quello precedente.

Nella meccanica quantistica le grandezze fisiche sono rappresentate da matrici con un numero finito o infinito di righe e colonne. Per ottenere i valori effettivamente osservati di una grandezza, bisogna «diagonalizzare» la sua matrice, cioè trasformarla, attraverso una particolare procedura matematica, in un'altra matrice che ha elementi diversi da zero solo sulla diagonale principale. I numeri sulla diagonale, che risultano essere sempre reali, sono i possibili risultati della misura di quella grandezza. Essendo rappresentate da matrici, due grandezze A e B in generale non godono della proprietà commutativa, si ha cioè $AB \neq BA$, la strana proprietà che all'inizio aveva inquietato Heisenberg.

Il fatto che la posizione e la quantità di moto di una particella siano grandezze non commutanti significa che l'ordine in cui le misuriamo non è irrilevante, e ha, come importantissima conseguenza, il celebre principio di incertezza (o di indeterminazione), che lo stesso Heisenberg enunciò nel 1927: quanto più precisamente conosciamo la posizione di una particella, tanto meno conosciamo la sua quantità di moto, e viceversa. Per dirla con una celebre storiella: un poliziotto fermò Heisenberg che in macchina correva sulla strada verso casa a forte velocità; «Professore», gli disse l'agente, «Lei sa a che velocità andava?» E Heisenberg: «Assolutamente no. Però so esattamente dove mi trovo adesso!». Se Δx è l'incertezza sulla posizione, e Δp l'incertezza sulla quantità di moto, ridurre l'una vuol dire aumentare l'altra, perché vale la disuguaglianza:

$$\Delta x \, \Delta p \geq \frac{h}{4\pi}.$$

Si può dimostrare che il valore minimo del prodotto $\Delta x\ \Delta p$ è proporzionale alla differenza $xp - px$. Ciò è vero non solo per la posizione e la quantità di moto, ma per qualunque coppia di grandezze che non commutano. È dunque la violazione della proprietà commutativa della moltiplicazione a determinare quei vincoli sulla conoscibilità del mondo che sono sanciti dal principio di Heisenberg.

Numeri ubiqui

Due vecchi compagni di scuola si ritrovano dopo molti anni. Uno di loro fa lo statistico e si occupa di popolazioni. Racconta le sue ricerche all'amico e gli mostra alcuni lavori, costellati di medie, varianze e distribuzioni gaussiane. L'amico è attratto da un simbolo che vede nella formula matematica di una gaussiana: π. «Che cos'è?» – chiede. «È pi greco: – risponde lo statistico – il rapporto tra la circonferenza e il diametro». «Non prendermi in giro – gli fa l'amico –, che cosa c'entrano le popolazioni con le circonferenze?».

La storiella, raccontata dal fisico teorico Eugene Wigner in un famoso saggio del 1960, oltre a esemplificare l'«irragionevole efficacia della matematica nelle scienze naturali» (questo il titolo dello scritto di Wigner, su cui torneremo nell'ultimo capitolo), illustra l'onnipresenza di π nella descrizione del mondo – dalla geometria alla statistica, dalle oscillazioni ai quanti.

La prima stima abbastanza precisa di π fu fornita da Archimede, il quale approssimò una circonferenza con un poligono inscritto e uno circoscritto di 96 lati, e concluse che π è compreso tra $3 + 10/71$ e

3 + 1/7, cioè tra 3,1408 e 3,1428 (ricordiamo che π = 3,14159...). Alla fine del Cinquecento l'olandese Ludolph van Ceulen utilizzò poligoni con un numero molto più grande di lati, determinando il valore di π fino alla trentacinquesima cifra decimale (ma ancora nel 1897 lo stato americano dell'Indiana discuteva la possibilità di fissare per legge il valore di π a 16/5 = 3,2).

I calcoli più efficienti di π si basano su formule che esprimono questo numero come una somma infinita di termini (cioè come una serie numerica). Una serie molto elegante fu scoperta da Leibniz:

$$\pi = 4\left(1 - \frac{1}{3} + \frac{1}{5} - \frac{1}{7} + \ldots\right)$$

ma ha il difetto di convergere lentamente: per ottenere anche solo poche cifre decimali bisogna sommare tanti termini. Alcune delle serie di più rapida convergenza – quindi più utili per il calcolo – sono state scoperte all'inizio dello scorso secolo dal giovanissimo matematico indiano Srinivasa Ramanujan, uno dei più geniali teorici dei numeri. Recentemente, π è stato calcolato fino a più di diecimila miliardi di cifre decimali (per confronto, si pensi che prima degli anni Sessanta del secolo scorso il numero di cifre note era dell'ordine del migliaio).

Ma, invece di calcolare π, non lo si potrebbe *misurare*, vista la sua pervasiva presenza nella natura? Analizzando approfonditamente le carte di Galileo Galilei, lo storico Stillman Drake ha trovato uno strano numero, il rapporto 942/850, che, a suo parere, il matematico toscano avrebbe usato per ricavare dai risultati dei suoi esperimenti la legge della caduta dei gravi (quella che stabilisce che la distanza percorsa da un grave in caduta libera è proporzionale al quadrato del tempo di caduta). La tesi di Drake è controversa, ma a noi interessa solo chiarire la natura di quel numero misterioso. Nei primi anni del Seicento, mentre era a Padova, Galileo misurò il rapporto tra il tempo che un pendolo impiega per spostarsi dalla posizione in cui viene lasciato libero alla verticale e il tempo di caduta di un corpo per una distanza pari alla lunghezza del pendolo, e ipotizzò che questo rapporto fosse indipendente dalle caratteristiche del pendolo e del grave. I tempi erano misurati raccogliendo e pesando con «esattissima bilancia» l'acqua che usciva gradualmente da una «gran secchia» attraverso un «sottil canellino», ed espressi quindi in «grani d'acqua» (ogni grano corrispondeva a circa un sedicesimo di grammo). Le lunghezze erano invece espresse in «punti», un'unità di misura corrispondente a circa 0,94 millimetri. Usando un pendolo lungo 1.740 punti, Galileo determinò sperimentalmente un tempo di passaggio per la verticale di 942 grani d'acqua e un tempo di caduta di un grave (da un'altezza pari alla lunghezza del pendolo) di 850 grani d'acqua. Il rapporto tra i due tempi è il numero di cui abbiamo parlato, 942/850, e risulta essere un parametro universale, che può essere utilizzato per calcolare i tempi di caduta dei gravi da varie altezze, una volta che si misurino i tempi impiegati da pendoli di lunghezza equivalente per passare dalla verticale. Ma qual è il suo significato?

Il tempo di passaggio per la verticale di un pendolo di lunghezza l che compie oscillazioni di piccola ampiezza corrisponde a un quarto del periodo (il tempo di un'oscillazione completa, con due passaggi per la verticale, avanti e indietro), e vale (in notazione attuale) $t_p = (\pi/2)\sqrt{l/g}$, dove g è l'accelerazione di gravità. Il tempo di caduta di un grave dall'altezza l è invece $t_c = \sqrt{2l/g}$. Il rapporto tra i due tempi è quindi

$$\frac{t_p}{t_c} = \frac{\pi}{2\sqrt{2}}$$

ed è effettivamente una costante universale, il cui valore è proporzionale a π. È questo il numero che Galileo misura e annota nelle sue carte, $t_p/t_c = 942/850$. (Come spiegheremo nel cap. 3, Galileo non concepisce formule come quelle che abbiamo scritto per t_p e per t_c, che combinano grandezze di diverso tipo, ma solo rapporti tra grandezze omogenee, come t_p/t_c.) Moltiplicando il valore misurato di t_p/t_c per $2\sqrt{2}$ si trova:

$$\pi = 2\sqrt{2}\ \frac{942}{850} = 3{,}13$$

che è in accordo più che soddisfacente – se si pensa allo strumento usato per misurare i tempi – con il valore esatto di π. Galileo, dunque, senza saperlo, «misurò» π.

Possiamo immaginare un seguito alla storiella di Wigner. Guardando ancora la gaussiana, l'amico nota un altro simbolo, *e*. Chiede lumi allo statistico, il quale gli spiega che si tratta del numero detto di Eulero, un numero che ha a che fare con la catenaria (la curva formata da una catena appesa alle estremità), ma anche, per esempio, con gli interessi bancari. Di nuovo: che cosa c'entra la statistica delle popolazioni con tutto questo?

Siamo di fronte a un altro dei numeri ubiqui della scienza. Il numero $e = 2{,}71828\ldots$, che si può calcolare facilmente mediante la serie

$$e = 1 + \frac{1}{1!} + \frac{1}{2!} + \frac{1}{3!} + \frac{1}{4!} + \ldots,$$

è presente anch'esso in numerosi contesti scientifici. Ciò consente, in linea di principio, di determinarlo sperimentalmente. Per esempio, se spariamo un proiettile in un fluido viscoso, e misuriamo la distanza massima d_{max} percorsa dal proiettile prima di fermarsi e la distanza d percorsa in un tempo caratteristico che si ottiene dividendo la massa del proiettile per il coefficiente di attrito del fluido, e risulta essere dato dal rapporto $d_{max}/(d_{max} - d)$.

A differenza di π, che compare spesso nelle leggi di natura come coefficiente moltiplicativo, e vi compare perlopiù come base di potenze. Quando il suo esponente è reale, si ottiene una funzione chiamata esponenziale, che cresce o decresce molto rapidamente (ne parleremo nel cap. 3). A metà del Settecento, lo svizzero Leonhard Euler (Eulero), uno dei più grandi matematici di tutti i tempi, ebbe l'idea di elevare e (l'uso di questa lettera per indicare il numero è suo) a una potenza immaginaria (incidentalmente, anche la notazione i per l'unità immaginaria è sua), e manipolando alcune serie numeriche, scoprì l'importantissima relazione $e^{i\theta} = \cos\theta + i \operatorname{sen}\theta$. In questa, come in tutte le formule trigonometriche, è preferibile esprimere gli angoli in radianti, invece che in gradi. Un radiante è, per definizione, l'ampiezza dell'angolo al centro di una circonferenza che sottende un arco di lunghezza pari al raggio: quindi, un angolo giro (360°) corrisponde a 2π radianti, la metà di un angolo giro (180°) corrisponde a π radianti, un angolo retto (90°) corrisponde a $\pi/2$ radianti, e così via. Se nella relazione di Eulero poniamo θ uguale a π radianti, poiché $\cos\pi = -1$ e $\operatorname{sen}\pi = 0$, troviamo $e^{i\pi} + 1 = 0$, una formula di innegabile bellezza, che mette assieme i numeri più importanti della matematica (e, i, π, 1, 0).

La relazione di Eulero permette di esprimere un numero complesso z, che in precedenza abbiamo scritto come $z = |z|(\cos\theta + i \operatorname{sen}\theta)$, nella forma $z = |z|\, e^{i\theta}$, in cui il modulo $|z|$ è moltiplicato per il fattore di fase $e^{i\theta}$. I fattori di fase svolgono un ruolo di primo piano nella meccanica quantistica (che, si è detto, «vive» in campo complesso). La funzione d'onda quantistica di un sistema incorpora un fattore di fase temporale, che può causare oscillazioni tra stati di energia diversa. È quello che succede, per esempio, negli atomi di cesio 133, che oscillano tra due particolari livelli di energia esattamente 9.192.631.770 volte al secondo. Questa frequenza viene usata per definire il secondo come unità di tempo, e sulle oscillazioni del cesio 133 si basa il funzionamento degli orologi atomici standard. In un certo senso, si chiude il cerchio: se Galileo misurò π mediante il tempo, oggi si misura il tempo mediante e.

I conti con l'infinito

«La matematica è la scienza dell'infinito», sosteneva Hermann Weyl, matematico, fisico e filosofo tedesco. Se è così, le scienze naturali rischiano di trovarsi in casa un ospite sgradito. Niente impedisce di concepire un universo infinito, ma le proprietà dei singoli sistemi non possono assumere valori infiniti. Negli anni Trenta del secolo scorso la fisica si scontrò con un problema di questo tipo e dovette escogitare un modo per sconfiggere l'infinito. Vediamo come.

L'elettrone è una delle particelle fondamentali della materia. Essendo carico, genera un campo elettrico la cui intensità decresce con la distanza. Dal momento che ogni carica interagisce con un campo elettrico, l'elettrone avverte anche il campo che esso stesso produce. Se immaginiamo l'elettrone come una sferetta carica di raggio R, la sua energia di auto-interazione, o auto-energia, risulta essere inversamente proporzionale a R. Poiché, come insegna la relatività, la massa di un corpo è nient'altro che la sua energia a riposo, dobbiamo concludere che anche la massa m dell'elettrone è inversamente proporzionale al suo raggio: $m \sim 1/R$.

Sembra abbastanza naturale, d'altra parte, che una particella elementare come l'elettrone sia puntiforme. L'idea fu avanzata nel 1925 dal fisico russo Yakov Frenkel e si affermò con la teoria quantistico-relativistica dell'elettrone di Dirac (occorre peraltro notare che l'elettrone-sfera non potrebbe essere stabile, a causa della repulsione elettrostatica tra le sue parti). Se, però, facciamo tendere R a zero, m tende a infinito. Per un matematico non ci sarebbe niente di strano, ma per un fisico è un vero guaio: la massa dell'elettrone non può, ovviamente, essere infinita.

Il problema della massa dell'elettrone tenne impegnate a lungo molte tra le più brillanti menti della fisica. La meccanica quantistica relativistica lo

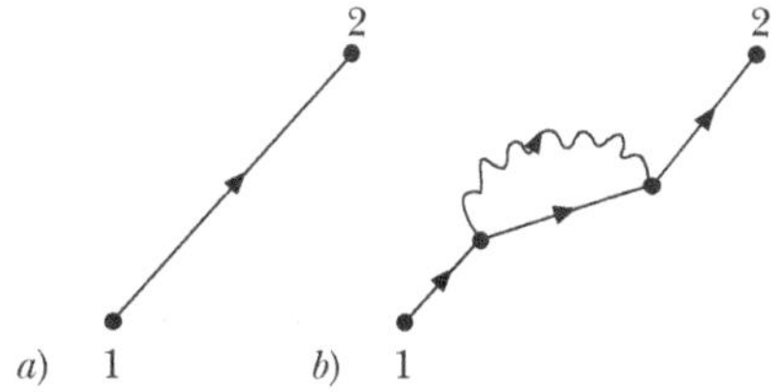

FIG. 1.6. a) Propagazione libera di un elettrone. b) Propagazione di un elettrone con emissione e successivo riassorbimento di un fotone (linea ondulata).

attenuava un po', perché prevedeva che la massa dell'elettrone fosse proporzionale non a $1/R$, ma al logaritmo di $1/R$, che tende anch'esso a infinito quando R tende a zero, ma lo fa più blandamente.

La teoria quantistica dei campi, sviluppatasi tra gli anni Trenta del Novecento e il dopoguerra, pose il problema nella sua forma definitiva. La massa dell'elettrone è legata alla probabilità che esso si sposti (o, come si dice, si propaghi) da un punto a un altro dello spazio-tempo. Se la propagazione fosse libera (fig. 1.6a), cioè se l'elettrone non interagisse, non ci sarebbero problemi: la sua massa avrebbe un valore ben definito, e quella calcolata coinciderebbe con la massa misurata sperimentalmente. Ma l'elettrone, come si è detto, interagisce con se stesso. Nella teoria quantistica dei campi questo processo è rappresentato da un diagramma in cui l'elettrone emette un fotone (il quanto della forza elettromagnetica) in un punto e lo riassorbe in un altro punto (fig. 1.6b). La massa dell'elettrone è data, quindi, dalla somma del contributo di propagazione libera, che chiamiamo m_0, e della correzione quantistica δm dovuta all'emissione e all'assorbimento di un fotone, cui vanno aggiunte le correzioni di ordine superiore dovute allo scambio di più fotoni. L'infinito che abbiamo visto emergere nella descrizione classica dell'elettrone, nel contesto quantistico si ripresenta così: la correzione δm è proporzionale al logaritmo di $1/d$, dove d è la distanza tra i punti di emissione e di assorbimento del fotone, e quindi tende a infinito quando d tende a zero, cioè quando il fotone è emesso e assorbito nello stesso punto dello spaziotempo. E poiché nel calcolo bisogna prendere in considerazione tutti i valori possibili di d, compreso $d = 0$, la conclusione inevitabile è che $\delta m = \infty$.

Questo infinito turbò per due decenni i fisici teorici, facendo pensare a qualcuno che la teoria quantistica dei campi fosse intrinsecamente incoerente (era di questo parere Dirac, che era stato uno dei creatori della teoria). Poi venne trovata una via d'uscita. L'idea, in sintesi, è questa. Dal momento che la massa calcolata è $m = m_0 + \delta m$, e la quantità δm è infinita, si può immaginare che anche m_0 – la cosiddetta massa «nuda» dell'elettrone, una grandezza puramente teorica, non osservabile – contenga un infinito (di segno opposto) e che questi due infiniti si «cancellino» lasciando un residuo finito (ma non dimentichiamo che in matematica $\infty - \infty$ è una quantità indeterminata!). C'è una precisa procedura, chiamata rinormalizzazione, per fare tutto ciò. A molti (compreso Feynman, che fu tra i suoi inventori) sembra un gioco di prestigio. È, però, una magia che funziona egregiamente, perché permette di fare predizioni in strabiliante accordo con i dati sperimentali. La più precisa riguarda una proprietà degli elettroni chiamata momento magnetico. A causa del suo spin, un elettrone si comporta come una minuscola bussola, che tende ad allinearsi ai campi magnetici. La forza con cui avviene questo allineamento è determinata appunto dal momento magnetico dell'elettrone, che in opportune unità vale all'incirca 1. Il suo valore misurato è 1,001159652181, con un'incertezza sulla dodicesima cifra decimale. L'accuratezza dei calcoli teorici si spinge attualmente fino all'undicesima cifra decimale ed entro tale cifra il valore predetto dalla teoria quantistica rinormalizzata degli elettroni e dei fotoni è in accordo con la misura sperimentale.

Il trucco della rinormalizzazione funziona anche con le teorie delle due forze subnucleari (debole e forte), raccolte, assieme alla forza elettromagnetica, nel Modello Standard. Non funziona, invece, con la forza gravitazionale: gli infiniti che emergono nella teoria quantistica di campo della gravità paiono indomabili. Il problema della quantizzazione della gravità rimane aperto e rappresenta una delle maggiori sfide della fisica teorica contemporanea.

Gli infiniti, come abbiamo visto, emergono quando si fa tendere a zero la separazione spaziale tra due punti. Una possibilità presa in considerazione da varie teorie è che ciò non sia consentito, cioè che non abbia senso suddividere indefinitamente lo spazio. Ai piedi della scala cosmica delle lunghezze c'è un gradino che ha un significato speciale, e che potrebbe anche essere l'ultimo. Corrisponde alla cosiddetta lunghezza di Planck, una lunghezza straordinariamente piccola (10^{-35} metri) che si ottiene combinando tre costanti fondamentali della natura: la velocità della luce nel vuoto *c*, la costante di Planck *h* e la costante della gravitazione di Newton *G*. La lunghezza di Planck L_P è la distanza spaziale alla quale la forza di gravità – che nel mondo ordinario è debolissima – diventa intensa quanto le altre forze della natura (la forza elettromagnetica, la forza forte e la forza debole). Per avere un'idea della piccolezza di questa distanza, si pensi che se dilatassimo lo spazio in modo tale da far diventare gli atomi grandi quanto una galassia, la lunghezza di Planck corrisponderebbe più o meno al diametro di una capocchia di spillo. Se, come prevede la teoria delle stringhe, i costituenti elementari del mondo fisico non sono oggetti puntiformi, ma minuscole corde vibranti di lunghezza L_P o se, come prevedono alcune teorie di gravità quantistica, lo spazio è discreto e suddiviso in cellette di lato uguale a L_P (i «quanti di spazio»), allora L_P rappresenta un limite fisico invalicabile, una distanza al di sotto della quale non si può andare. In questo caso, il problema degli infiniti non si porrebbe. Ma ciò che succede laggiù è, per ora, solo materia di congetture.

II

Le figure della natura

Dove si mostra che la natura, come i cuochi di Laputa, serve le sue pietanze nelle più svariate forme, e che l'appetito geometrico degli uomini di scienza è andato via via crescendo, non senza sorprese.

La grandezza del mondo

Uno dei primi successi dell'applicazione della geometria allo studio del mondo reale fu la determinazione della circonferenza della Terra da parte di Eratostene di Cirene, geografo e astronomo alessandrino, vissuto nel III secolo a.C. Eratostene sapeva che Alessandria e Siene (oggi Assuan), entrambe sul Nilo, sono all'incirca sullo stesso meridiano, perché il Nilo scorre in direzione nord-sud. La distanza tra le due città, cioè la lunghezza dell'arco di meridiano compreso tra A e S (fig. 2.1), era nota: 5.000 stadi (uno stadio corrisponde a circa 157 metri). Per determinare l'angolo α al centro della Terra che sottende questo arco, Eratostene ricorse a un'osservazione e alla geometria. A Siene (che si trova quasi sul Tropico del Cancro) il Sole è allo zenit a mezzogiorno del solstizio d'estate. Il geografo misurò nello stesso momento l'inclinazione del Sole rispetto alla verticale di Alessandria, osservando l'ombra proiettata da un bastone, e trovò un valore di 1/50 di angolo giro. Poiché, a causa della lontananza del Sole, i raggi

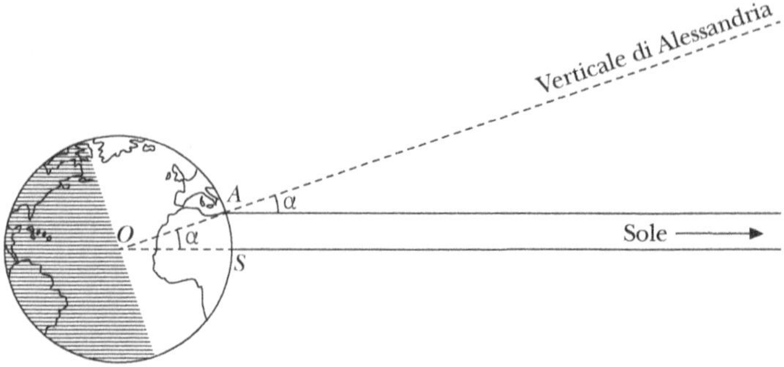

FIG. 2.1. Metodo di Eratostene per la determinazione della circonferenza della Terra.

solari giungono parallelamente su Siene e su Alessandria, l'angolo misurato da Eratostene è uguale all'angolo α che sottende l'arco *AS*. Assumendo che la Terra sia sferica, il rapporto tra α e l'angolo giro è uguale al rapporto tra l'arco *AS* e la circonferenza terrestre. Questa vale quindi 50 × 5.000 = 250.000 stadi, ossia 39.250 chilometri, un risultato vicino a quello attualmente accertato (40.075 chilometri). Al di là di questo accordo, colpisce soprattutto il metodo adottato da Eratostene per effettuare la sua previsione (che riguarda una grandezza non direttamente misurabile); egli combina tre ingredienti: un modello teorico (basato su due ipotesi: sfericità della Terra e distanza Sole-Terra molto grande rispetto alle dimensioni terrestri), dei dati empirici (distanza Alessandria-Siene e angolo di inclinazione dei raggi solari) e un ragionamento matematico (impostato sulla geometria di Euclide) – qualcosa di molto simile a ciò che fanno oggi tutti gli scienziati.

Misurare gli angoli è un'operazione abbastanza semplice, che si può effettuare mediante un goniometro, cioè un cerchio graduato. Misurare la distanza tra due punti (sulla superficie terrestre o nello spazio) può invece essere proibitivo, se questi punti non sono entrambi accessibili. Fortunatamente esiste un metodo potentissimo per trasformare le misure di angoli in misure di distanze: la trigonometria (fondata da Ipparco nel II secolo a.C. e in seguito sviluppata soprattutto da Tolomeo nel II secolo d.C.).

Supponiamo di voler stabilire quanto dista un punto *B*, che possiamo vedere ma non raggiungere, da altri due punti *D* e *A*, che sono invece accessibili. Semplici relazioni trigonometriche permettono di ricavare le distanze *BD* e *BA* conoscendo la distanza *DA* e gli angoli del triangolo *BDA* (che si misurano con un goniometro osservando i punti *B* e *A* da *D*, e i punti *B* e *D* da *A*) (fig. 2.2). Se l'operazione viene ripetuta, si può misurare un'intera regione.

Fig. 2.2. Determinazione della larghezza di un fiume (da L. Hulsius, *Tractatus instrumentorum mechanicorum*, 1605).

Questa procedura – la triangolazione – è stata usata per secoli per determinare distanze e posizioni sulla superficie della Terra, finché, di recente, non sono comparsi i sistemi satellitari di posizionamento, come il GPS, che l'hanno soppiantata. Il principio di funzionamento di questi sistemi è alquanto diverso: la distanza tra due punti viene ottenuta misurando il tempo che un segnale radio impiega per andare da un punto all'altro e moltiplicando questo tempo per la velocità del segnale, che è uguale alla velocità della luce (nel vuoto, circa 300.000 chilometri al secondo). Non si convertono più angoli in distanze, ma tempi in distanze, e per farlo si usa un'altra geometria, quella dello spazio-tempo, la relatività (speciale e generale): questa prevede le correzioni che devono essere apportate per tener conto del fatto che gli orologi in moto o in un campo gravitazionale vanno più lenti. Senza tali correzioni, il GPS sbaglierebbe di chilometri al giorno e non ci permetterebbe – come invece succede – di sapere dove ci troviamo con una precisione di una decina di metri.

Le curve dei pianeti

Per quasi due millenni gli astronomi hanno creduto che i movimenti dei pianeti fossero circolari. Sia i sostenitori della visione geocentrica dell'universo, sia i primi alfieri dell'eliocentrismo, come lo stesso Niccolò Copernico e Galileo Galilei, erano convinti che nei cieli dominasse la circonferenza, figura della perfezione. Ma all'inizio del Seicento, come abbiamo ricordato, Keplero, analizzando le osservazioni molto precise registrate da Tycho Brahe, concluse che le

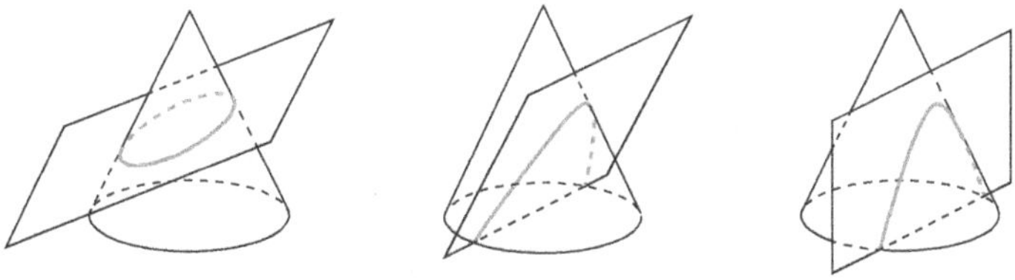

FIG. 2.3. Le coniche.

orbite planetarie non sono circonferenze, bensì ellissi, un tipo di coniche. Per citare la battuta di un disinvolto personaggio del romanzo *Argento vivo* di Marco Malvaldi: «Fino a quel momento le ellissi erano credute essere l'oggetto più inutile dell'universo. Chi se ne frega, era il pensiero comune, della forma che viene fuori se tagli un cono per traverso?» Le coniche, in effetti, sono le curve che si ottengono intersecando un cono con un piano (fig. 2.3). Se l'intersezione consiste in una curva chiusa, questa curva è un'ellisse (o una circonferenza, nel caso particolare in cui il piano sia perpendicolare all'asse del cono: sotto questo profilo, la circonferenza è un'ellisse degenere, come dicono i matematici). Se il piano è parallelo a una generatrice del cono, si ottiene una curva aperta, la parabola; se non è parallelo, si ottiene un'altra curva aperta, l'iperbole.

L'ellisse può essere definita anche come l'insieme dei punti nel piano per i quali è costante la somma delle distanze da due punti fissi, detti fuochi. Invece di un diametro, un'ellisse ha quindi un asse maggiore e un asse minore. Quanto più gli assi sono diversi, o, equivalentemente, quanto più i fuochi sono lontani, tanto più l'ellisse è eccentrica, cioè tanto più si discosta dalla circonferenza. L'eccentricità è il rapporto tra la distanza dei fuochi e l'asse maggiore, ed è un numero compreso tra 0 e 1 (il valore zero corrisponde al caso in cui i due fuochi coincidono, cioè alla circonferenza).

Quella che oggi chiamiamo prima legge di Keplero afferma che le orbite planetarie sono ellissi, e che il Sole occupa uno dei fuochi. La circonferenza esce così di scena: la regola nei cieli diventa l'ellisse, anche se alcune orbite sono così poco eccentriche da essere quasi circolari (l'orbita terrestre, con un'eccentricità di 0,0167, differisce poco da una circonferenza; mentre quella di Mercurio, con un'eccentricità 0,2056, è decisamente più ellittica).

Keplero formulò altre due leggi: la seconda legge (o legge delle aree) stabilisce che il raggio che congiunge il pianeta al Sole descrive aree uguali in tempi uguali; la terza legge afferma che il rapporto tra il cubo del semiasse maggiore dell'orbita e il quadrato del periodo di rivoluzione (il tempo impiegato per compiere un giro attorno al Sole) è lo stesso per tutti i pianeti.

Dopo la scoperta di queste leggi, i filosofi naturali cominciarono a chiedersi quale forza determinasse le orbite dei pianeti e le regolarità del loro moto osservate da Keplero. Il primo a ipotizzare l'esistenza di una forza di attrazione esercitata dal Sole e inversamente proporzionale al quadrato della distanza fu, attorno al 1679, l'inglese Robert Hooke, un geniale sperimentatore, grande avversario del connazionale Isaac Newton. Hooke non era un matematico e non possedeva una teoria generale del moto: non era, quindi, in grado di dimostrare che una forza come quella che aveva in mente generava delle orbite ellittiche. Mettendo da parte gli antichi rancori, si rivolse a Newton ponendogli il problema. Newton non rispose, si mise al lavoro e trovò la soluzione, senza darne notizia. Fu solo qualche anno dopo, nel 1684, quando ricevette la visita dell'amico Edmond Halley, anche lui interessato alla questione, che decise di divulgare i suoi risultati. Li comunicò alla Royal Society e poi li espose nel suo capolavoro, i *Philosophiae naturalis principia mathematica*, pubblicati nel 1687.

Qui Newton dimostrò che la legge delle orbite ellittiche e le altre due leggi di Keplero sono la conseguenza di una forza di attrazione – la gravità – che varia come l'inverso del quadrato della distanza tra i corpi. Per questa forza propose una legge matematica che, nella notazione attuale, si scrive come

$$F = G\frac{m\,M}{r^2}$$

dove m è la massa del pianeta, M è la massa del Sole, r è la loro distanza, e G è una costante di proporzionalità (la «costante di Newton»). La dipendenza del tipo $1/r^2$ significa che, se la distanza tra il Sole e il pianeta raddoppia, la forza diventa quattro volte più debole; se triplica, la forza diventa nove volte più debole, e così via.

La legge di Newton ha validità universale: essa stabilisce che *tutti* i corpi (dunque, non soltanto il Sole e i pianeti) si attraggono reciprocamente in misura direttamente proporzionale alle loro masse e inversamente proporzionale al quadrato della loro distanza. Il grande merito del fisico inglese fu di capire che il moto di un proiettile e quello della mela che, secondo la celebre leggenda accreditata da lui stesso,

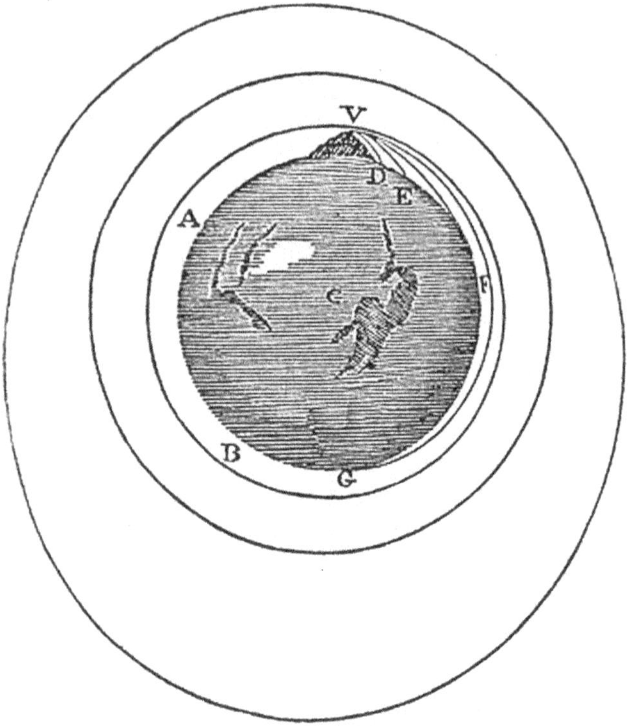

FIG. 2.4. Dal *Sistema del mondo* di Newton.

gli cadde sulla testa mentre riposava sotto un albero, sono fenomeni collegati al moto di rivoluzione di un pianeta; anzi sono lo *stesso* fenomeno, di natura gravitazionale. C'è una figura nel *Sistema del mondo* (opera newtoniana apparsa postuma nel 1728) che illustra questa identità (fig. 2.4). Mostra un corpo che viene scagliato orizzontalmente dall'alto di un'elevata montagna. Se il corpo non fosse soggetto ad alcuna forza, il suo moto sarebbe rettilineo uniforme, ma la gravità incurva la traiettoria, la cui forma dipende dalla velocità iniziale. Se la velocità è bassa, il corpo ricade sulla Terra percorrendo una traiettoria che è, a rigore, un arco di ellisse, ma è praticamente indistinguibile da una parabola (la curva individuata a suo tempo da Galileo). All'aumentare della velocità iniziale, il corpo percorre una distanza sempre più grande prima di toccare terra, fino a che, per un preciso valore della velocità, il corpo rimane in orbita lungo una traiettoria circolare. Se aumentiamo ulteriormente la velocità, l'orbita diventa ellittica (con il centro della Terra in uno dei fuochi) e, quando la velocità raggiunge un altro valore di soglia – la cosiddetta velocità di fuga – il corpo si allontana indefinitamente dalla Terra lungo una traiettoria parabolica. Per velocità superiori alla velocità di fuga (che sul nostro pianeta vale circa 11 chilometri al secondo), la traiettoria diventa un'iperbole.

La forza di gravità squaderna l'intero catalogo delle coniche, con l'iperbole e l'ellisse come casi ordinari, e la parabola e la circonferenza come casi straordinari (o come approssimazioni). Poiché la comparsa delle coniche è legata soltanto alla legge matematica della forza, cioè alla sua dipendenza dall'inverso del quadrato della distanza, ritroviamo le stesse curve anche in altri contesti, in cui agiscono forze fisicamente diverse dalla gravità, ma di forma matematica simile. Una di queste è la forza elettrica tra due cariche. Se le cariche sono di segno opposto, la forza elettrica è attrattiva: la situazione è allora identica a quella gravitazionale e tutte le coniche sono possibili traiettorie. Se invece le cariche hanno lo stesso segno, la forza elettrica è repulsiva, e in questo caso la traiettoria è sempre aperta ed è di tipo iperbolico: una delle cariche si dirige verso l'altra, ma viene respinta e, dopo aver raggiunto un punto di minima distanza, si allontana, descrivendo un ramo di iperbole. Fu studiando un moto di questo tipo che, nel 1911, il fisico neozelandese Ernest Rutherford scoprì il nucleo atomico. Nella fattispecie, analizzò la diffusione di particelle alfa (cariche positivamente; poi identificate con nuclei di elio) su atomi, e ipotizzò che alla base del processo ci fosse la deflessione delle particelle da parte dei nuclei degli atomi, anch'essi di carica positiva. Il moto iperbolico che predisse risultò in accordo con i dati sperimentali e fornì la prima prova dell'esistenza dei nuclei.

Girare attorno

C'è un'altra interessante curva che fa capolino tra le pagine dei *Principia* e ha a che fare, in vari modi, con la geometria della natura. Nel Libro I Newton dimostra che se la forza attrattiva del centro di gravità dipendesse non dall'inverso del quadrato, ma dall'inverso del cubo della distanza, una possibile traiettoria dei corpi gravitanti sarebbe una particolare curva, descritta per la prima volta da Cartesio: la spirale logaritmica.

Le spirali sono curve che girano attorno a un punto, aumentando progressivamente il proprio raggio. La più semplice è la spirale di Archimede, la curva descritta da un punto che si muove di moto uniforme lungo una retta, quando questa ruota con velocità angolare costante. Ben più interessante è la sopracitata spirale logaritmica, o equiangolare, che il grande matematico svizzero Jakob Bernoulli chiamava *spira mirabilis* e venerava al punto che la volle incisa sulla propria tomba (ma lo scalpellino si sbagliò e, ironia della sorte, scolpì la spirale di Archimede).

La spirale logaritmica (fig. 2.5) è caratterizzata dal fatto che il suo raggio cresce, a ogni giro, di un fattore moltiplicativo costante maggiore di 1 (mentre nella spirale di Archimede il raggio cresce additivamente, cioè aumenta della stessa quantità a ogni giro). Se indichiamo con r il raggio della spirale e con θ l'angolo di rotazione attorno al centro, vale la relazione $r = ae^{b\theta}$, dove a e b sono costanti positive. L'angolo θ è proporzionale al logaritmo di r/a, ed è questa la ragione del nome della spirale.

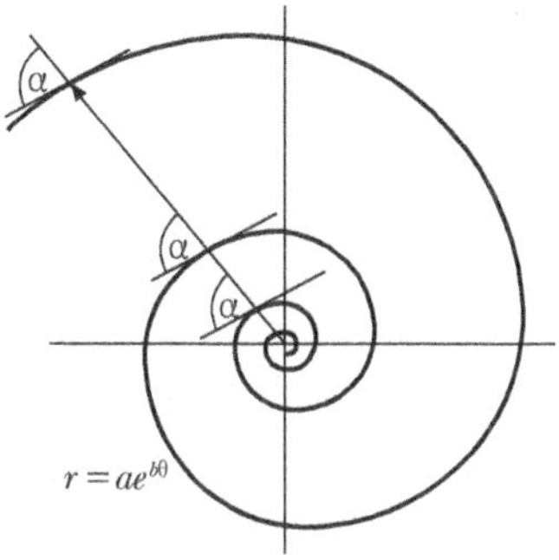

FIG. 2.5. La spirale logaritmica o equiangolare.

Il motivo per cui la si chiama anche equiangolare è che ogni retta tracciata dall'origine la taglia con lo stesso angolo. In virtù di questa proprietà la spirale logaritmica ha un importante significato geografico: è una lossodroma, cioè una linea sulla superficie terrestre che interseca tutti i meridiani con la stessa inclinazione. Se, partendo da un punto della Terra, ci muoviamo in una direzione fissa, la traiettoria che percorreremo sarà una spirale logaritmica attorno a uno dei poli. A scoprire che le lossodrome sono spirali, e non archi di cerchio massimo, come si era a lungo creduto, fu, nel 1537 (un secolo prima della descrizione della spirale da parte di Cartesio), il matematico portoghese Pedro Nunes, che risolse così un vecchio problema della navigazione – quello di tracciare le rotte percorse da una nave che abbia il timone bloccato. Curiosamente, anche gli animali sfruttano il carattere lossodromico della spirale: alcuni insetti, a causa della struttura del loro apparato visivo, non guardano in avanti, ma di lato, con un certo angolo, e poiché correggono continuamente la loro direzione secondo quest'angolo, finiscono per muoversi verso il loro obiettivo lungo un cammino a spirale.

Un'altra interessante proprietà della spirale logaritmica è legata alla nozione geometrica di similitudine. Due figure sono simili quando hanno la stessa proporzione tra le varie parti (e quindi la stessa forma), ma grandezza diversa: una è la copia in scala, ingrandita o rimpicciolita, dell'altra. La spirale logaritmica ha la caratteristica di essere una figura auto-simile: ingrandendola o rimpicciolendola, non cambia, a parte un'eventuale rotazione. Il motto che Bernoulli coniò per la spirale descrive proprio questa sua proprietà: *Eadem mutata resurgo* («Trasformata rinasco identica»).

Nel suo classico studio sugli aspetti matematici e fisici delle forme biologiche, *Crescita e forma* (1917), il naturalista scozzese D'Arcy Wentworth Thompson ipotizza che il successo della *spira mirabilis* nel mondo animale e vegetale (si pensi alla conchiglia del *Nautilus*, alle corna dell'ariete, alle infiorescenze del girasole) sia dovuto proprio alla sua auto-similarità. Negli organismi viventi esistono delle strutture soggette a processi di crescita o di accumulo in cui ogni successivo incremento è simile al precedente, sicché la forma non viene alterata, sebbene lo sviluppo sia asimmetrico (cioè avvenga solo a un'estremità). La morfologia più semplice che si possa immaginare con queste caratteristiche è proprio la spirale logaritmica, e non è un caso quindi che la si ritrovi così frequentemente in natura.

La taglia giusta

«I filosofi hanno indubbiamente ragione quando affermano che nulla è grande o piccolo in assouto, ma solo a paragone di qualche altra cosa». Così riflette il capitano Lemuel Gulliver appena giunto nella terra di Brobdingnag, popolata da giganti alti quanto campanili. Di fronte a queste enormi creature, dieci volte più grandi di lui, Gulliver capisce finalmente che cosa dovevano aver provato, vedendolo, gli abitanti di Lilliput, dieci volte più piccoli.

Aumentare o diminuire le dimensioni dei corpi, mantenendo inalterate le loro proporzioni, è un'operazione agevole, e affascinante, per uno scrittore, e una semplice trasformazione geometrica (la «trasformazione di similitudine», o «cambiamento di scala») per un matematico. Ma quali sono i suoi effetti sui sistemi fisici? È quello che si chiedono, all'inizio dei *Discorsi e dimostrazioni matematiche intorno a due nuove scienze* (1638) di Galileo, i tre personaggi del dialogo, Sagredo, Simplicio e Salviati. Mentre Sagredo ritiene che due sistemi che differiscono solo per la loro scala abbiano un identico comportamento meccanico, e in particolare rispondano nello stesso modo agli sforzi cui sono soggetti, Salviati-Galileo argomenta invece che corpi più grandi sono, in proporzione, meno resistenti dei corpi più piccoli. «Chi non vede – osserva – come un cavallo cadendo da un'altezza di tre braccia o quattro si romperà l'ossa, ma un cane da una tale, e un gatto da una di otto o dieci, non si farà mal nissuno, come né un grillo da una torre, né una formica precipitandosi dall'orbe lunare?».

Il ragionamento di Galileo, in breve, è questo: mentre la massa di un corpo aumenta come il volume, cioè come il cubo della dimensione lineare, la resistenza aumenta come la sezione del corpo, cioè solo come il quadrato della dimensione lineare. Di conseguenza, ingrandendo una struttura, la sua resistenza cresce in misura minore della massa, finché, a un certo punto, il sistema collassa sotto il proprio peso. Supponiamo, per esempio, di raddoppiare le dimensioni lineari del corpo di un animale: lunghezza, larghezza e spessore saranno moltiplicati per due. Il volume del corpo, proporzionale al cubo della dimensione lineare, risulterà moltiplicato per 2^3, cioè per 8. Anche la massa del corpo, che è proporzionale al volume, sarà moltiplicata per 8. Ma la sezione trasversale delle ossa – che è un'area – sarà moltiplicata solo per il quadrato di 2, cioè per 4. Dunque, le ossa di un animale ingrandito di un fattore 2 dovranno sopportare il doppio della massa corporea rispetto alle ossa dell'animale di grandezza normale. Se le dimensioni dell'animale fossero decuplicate, le ossa dovrebbero sopportare una massa 10 volte superiore al normale e non reggerebbero. Giganti come quelli di Brobdingnag avrebbero seri problemi ortopedici...

Per poter sostenere la massa di un animale più grande, le ossa dovrebbero deformarsi. Galileo fa l'esempio di un animale che triplica le proprie dimensioni lineari: in questo caso la massa aumenta di un fattore $3^3 = 27$, e lo spessore di un osso «che potesse nel suo animale grande far l'uffizio proporzionato a quel dell'osso minore nell'animal più piccolo» dovrebbe crescere di un fattore $\sqrt{27}$, cioè approssimativamente 5,2. L'osso dell'animale ingrandito risulterebbe quindi più tozzo. Come ebbe a osservare il biologo britannico John Burdon Sanderson Haldane, che all'argomento dedicò un famoso saggio, per ogni tipo di animale c'è una taglia giusta, e una notevole variazione di dimensioni deve essere necessariamente accompagnata da un cambiamento di forma. Se volessimo aumentare la taglia di una gazzella, evitando la rottura delle sue ossa, avremmo due possibilità: o far diventare le sue zampe grosse e tozze come quelle di un rinoceronte, o alleggerire e assottigliare il suo corpo come quello di una giraffa.

Finora abbiamo considerato solo cambiamenti di scala spaziali. Ma nei fenomeni fisici entra in gioco anche il tempo. Che cosa succede se, assieme alle lunghezze, dilatiamo o contraiamo le durate? Consideriamo il moto di un corpo e supponiamo di variare le lunghezze L (distanze, spostamenti, raggi orbitali, ecc.) di un fattore α, e contemporaneamente le durate T (tempo di caduta, periodo di rotazione, durata di un'oscillazione, ecc.) di un fattore β: $L \to \alpha L$, $T \to \beta T$. Una trasformazione di questo tipo rimpiazza le traiettorie originarie con altre traiettorie geometricamente simili, e i tempi caratteristici del moto con altri tempi dilatati.

Nel caso di un corpo soggetto a una forza come la gravità che ha una dipendenza spaziale del tipo $1/L^2$, si dimostra che le leggi dinamiche rimangono invariate se i fattori di dilatazione α e β sono legati dalla relazione $\alpha^3 = \beta^2$. Ciò significa che il rapporto tra il cubo della lunghezza caratteristica del moto (il raggio dell'orbita) e il quadrato del tempo caratteristico (il periodo di rivoluzione) deve essere costante. Questa, come si ricorderà, è la terza legge di Keplero, che riemerge, dunque, come una semplice legge di scala.

I ragionamenti di scala sono potentissimi e permettono di ottenere con facilità, e con una matematica elementare, risultati notevoli. Uno dei segreti scientifico-militari meglio custoditi di tutti i tempi è stato svelato in questo modo: osservando nel 1949 i fotogrammi – appena diffusi – del primo test atomico nel deserto del New Mexico, lo scienziato britannico Geoffrey I. Taylor fu in grado, sulla base di considerazioni di scala, di determinare la potenza della bomba (20.000 tonnellate di TNT), lasciando esterrefatti i militari USA che non avevano mai divulgato quel dato.

Anche nella vita quotidiana si pongono questioni riguardanti cambiamenti di scala. Un problema classico è quello del tempo di cottura dell'arrosto: qual è la relazione tra questo tempo (T) e la massa (M) della carne? La risposta non è, come si può ingenuamente pensare, la semplice proporzionalità $T \sim M$, ma la legge di scala $T \sim M^{2/3}$: ciò che conta è la superficie del pezzo di carne, che cresce come la potenza 2/3 del suo volume, e quindi della sua massa. Conviene tenerne conto, se si vuole evitare un disastro.

Un racconto a più dimensioni

Per millenni, lo «spazio» per antonomasia è stato lo spazio euclideo tridimensionale – quello in cui viviamo. Ma, a un certo punto, cominciò a soffiare un vento di ribellione «contro la tracotanza che vorrebbe limitare le dimensioni a due o tre o qualsiasi numero che non sia infinito». Così esclama il protagonista di *Flatlandia* (1884), «racconto a più dimensioni» dovuto alla fantasia del versatile reverendo Edwin Abbott. L'eroe della storia è un Quadrato, che ci invita a immaginare il suo mondo come «un enorme foglio di carta in cui Linee Rette, Triangoli, Quadrati, Pentagoni, Esagoni e altre figure si muovono liberamente per tutta la superficie, senza però avere il potere di elevarsi al di sopra di essa o sconfinare al di sotto». A lungo, non diversamente dai suoi compatrioti, egli ha ritenuto che Flatlandia coincidesse con l'intero universo. Un giorno l'incontro con un essere tridimensionale, una Sfera che ha attraversato quella superficie piana, lo costringe ad ammettere che nel cosmo ci sono più cose di quante ne sogni la misera filosofia del suo paese. Lo «straniero» gli comunica una sorta di «Vangelo delle tre dimensioni». Ma allora, perché non ammetterne una quarta? E perché limitarsi a un numero finito? Con queste domande il Quadrato scandalizza la stessa Sfera che lo ha ammaestrato, per la quale dimensioni superiori a tre non sono che «passatempi mentali».

Negli stessi anni in cui il racconto di Abbott veniva offerto al pubblico, i matematici avevano già cominciato a svincolare la geometria dalle ristrettezze dello spazio ordinario. Bernhard Riemann, nella lezione inaugurale *Sulle ipotesi che stanno alla base della geometria* (1854), aveva ridefinito la disciplina come lo studio di spazi con un numero qualsiasi di dimensioni. Se i punti di un piano sono identificati da due numeri (per esempio, le coordinate cartesiane x e y), e i punti dello spazio tridimensionale da tre numeri (le coordinate x, y e z), i punti di uno spazio *n*-dimensionale sono identificati da *n* numeri: *n* è quella che viene chiamata dimensione topologica, perché una trasformazione topologica dello spazio – cioè una deformazione continua, senza strappi e incollature – non può modificarla.

Alla fine dell'Ottocento, mentre gli «spiritisti» come Alfred Russel Wallace, l'estroso concorrente di Darwin, o Arthur Conan Doyle, l'inventore del razionale Sherlock Holmes, guardavano alla quarta dimensione come a una regione popolata da spettri e fantasmi, i matematici erano alacremente al lavoro per delinearne la geometria. La moda si diffuse anche presso il pubblico: nel 1908 la rivista *Scientific American* indisse un concorso per il migliore saggio non specialistico sul tema, ricevendo centinaia di contributi. Ma tutti (o quasi), matematici e profani, davano per scontato che la quarta dimensione fosse come le altre tre, di tipo spaziale. Finché, proprio nel 1908, qualcuno immaginò una geometria a tre dimensioni spaziali e una dimensione temporale.

Con la relatività speciale di Einstein, il tempo aveva cominciato a mescolarsi allo spazio. La relatività prevede infatti che il tempo dipenda dal sistema di riferimento, cioè dall'osservatore che lo misura: se cambia il sistema di riferimento, cambiano non solo le coordinate spaziali, ma anche il tempo, secondo precise leggi matematiche chiamate trasformazioni di Lorentz. Non fu Einstein, tuttavia, bensì un suo ex professore del Politecnico di Zurigo, il matematico Hermann Minkowski, a trarre una profonda conseguenza dalla relatività del tempo. «D'ora in poi – affermò in una memorabile conferenza alla Società dei medici e scienziati tedeschi, il 21 settembre 1908 – lo spazio in sé e il tempo in sé sono destinati a svanire come pure ombre, e solo una forma di unione tra i due conserverà una realtà indipendente». L'idea di Minkowski era che il tempo fosse una dimensione geometrica analoga alle tre dimensioni spaziali (con una piccola ma cruciale differenza, come vedremo), e che spazio e tempo costituissero un *continuum* quadridimensionale, lo spazio-tempo, sede di tutti i fenomeni naturali.

Qualche anno prima, lo scrittore H.G. Wells aveva avuto un'intuizione simile. Dice il protagonista di *La macchina del tempo* (1895): «Vi sono, in realtà, quattro dimensioni: tre, che chiamiamo i tre piani dello Spazio, e una quarta, il Tempo». E già a metà del Settecento, nella voce «Dimensione» dell'*Encyclopédie*, il matematico, fisico e filosofo francese Jean-Baptiste Le Rond d'Alembert aveva attribuito a un *homme d'esprit* di sua conoscenza l'idea che la durata fosse una specie di quarta dimensione. Ma non basta semplicemente accostare il tempo allo spazio – la coordinata t alle tre coordinate x, y, z – per costruire matematicamente lo spazio-tempo. Bisogna introdurre, seguendo Riemann, quella che i matematici chiamano una metrica, cioè definire una «distanza» tra i punti dello spazio-tempo, che sono in effetti *eventi*, perché associano una posizione spaziale (dove è successo ciò che è successo) a un istante di tempo (quando è successo ciò che è successo). È quello che fece Minkowski: egli propose una formula per la distanza tra due eventi, e mostrò che le trasformazioni di Lorentz – le trasformazioni relativistiche dei sistemi di riferimento – lasciano inalterata questa distanza, così come le rotazioni lasciano inalterate le distanze tra punti dello spazio ordinario. Le trasformazioni di Lorentz sono dunque una sorta

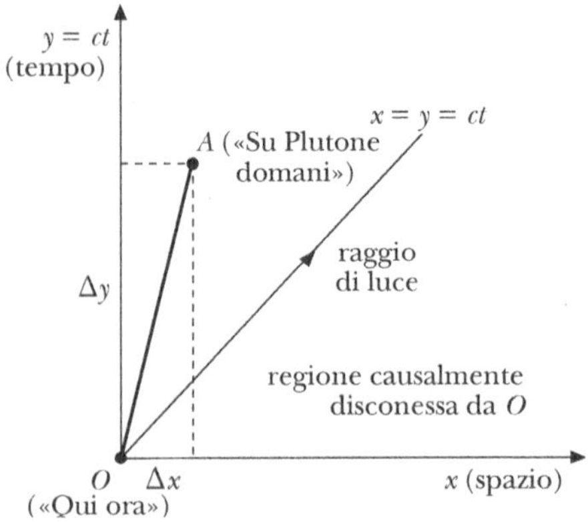

FIG. 2.6. Diagramma di Minkowski.

di rotazioni quadrimensionali, e la relatività è, in sostanza, la geometria dello spazio-tempo.

Per visualizzare lo spazio-tempo possiamo ricorrere a un grafico bidimensionale (il cosiddetto diagramma di Minkowski, fig. 2.6), in cui lo spazio è rappresentato dall'asse orizzontale (l'asse delle x), e il tempo dall'asse verticale (per avere unità di misura omogenee, su questo asse si riporta il tempo t moltiplicato per la costante c, la velocità della luce nel vuoto, ossia $y = ct$). Ogni punto di un diagramma di Minkowski è un evento, e un fenomeno naturale (per esempio, il moto di una particella), che consiste in una sequenza di eventi, è rappresentato da una linea (la linea di universo). L'origine O è l'evento «Qui ora». La bisettrice degli assi è la retta di equazione $x = ct$, ovvero la linea di universo di un raggio di luce che parte da O. Poiché nessun segnale può superare la velocità della luce nel vuoto (è uno dei princìpi della relatività), la regione compresa tra la bisettrice e l'asse orizzontale è costituita da eventi futuri che non sono connessi causalmente a *O*: non c'è alcun modo in cui possiamo, qui e ora, essere causa di quegli eventi o influenzarli.

La distanza tra due punti dello spazio-tempo si calcola mediante un teorema di Pitagora modificato. Nel caso dei punti *O* («Qui ora») e *A* («Su Plutone domani»), la distanza Δs è l'ipotenusa di un triangolo rettangolo i cui cateti sono Δx (la distanza spaziale tra *A* e *O*) e Δy (l'intervallo temporale tra *A* e *O* moltiplicato per *c*: un giorno luce), ma il quadrato di Δs è la differenza, non la somma (come nel normale teorema di Pitagora), tra il quadrato di Δy e il quadrato di Δx, cioè $\Delta s^2 = \Delta y^2 - \Delta x^2$. È il segno meno davanti al secondo termine che distingue la coordinata spaziale dalla coordinata temporale, e lo spazio-tempo da una semplice estensione in quattro dimensioni dello spazio euclideo tridimensionale. Tutti i segreti della relatività speciale – tutti i suoi fenomeni controintuitivi e apparentemente paradossali, tutte le sue sorprendenti predizioni – si nascondono dietro quel segno.

Einstein – che era, almeno inizialmente, sospettoso nei confronti dei formalismi matematici – accolse l'interpretazione geometrica della relatività proposta da Minkowski con un certo scetticismo. Ma nel giro di qualche anno cambiò parere, perché si rese conto che quella tracciata da Minkowski era la strada giusta per andare oltre la relatività speciale del 1905 e costruire quella che sarebbe stata la relatività generale, cioè la teoria geometrica della gravitazione. Come vedremo, tale teoria introduce un'importante novità sull'impalcatura minkowskiana: uno spazio-tempo curvo, non più semplice palcoscenico degli eventi, ma ente fisico.

Avendo attinto la quarta dimensione, era inevitabile che ai fisici venisse voglia di osare ancora di più. Subito dopo la nascita della relatività generale, nel 1915, alcuni di loro – incluso lo stesso Einstein – si misero alla ricerca di una teoria unificata della gravità e dell'elettromagnetismo, le due forze note all'epoca (in seguito se ne sarebbero aggiunte altre due, subatomiche). Nel 1919 il fisico matematico tedesco Theodor Kaluza propose, a questo scopo, di aggiungere una quinta dimensione (spaziale) al mondo. Kaluza mostrò che in uno spazio-tempo pentadimensionale le equazioni della gravità incorporano quelle dell'elettromagnetismo: la teoria che descrive la prima delle due forze descrive automaticamente anche l'altra. Ma, visto che in base a tutte le osservazioni lo spazio-tempo fisico ha solo quattro dimensioni, dov'è la quinta? Il fisico svedese Oskar Klein, che nel 1927 perfezionò la teoria di Kaluza, ipotizzò che la quinta dimensione avesse un'estensione ridottissima e fosse arrotolata su se stessa. Lo spazio-tempo sarebbe dunque una sorta di cilindro, di raggio talmente piccolo da sfuggire alle osservazioni (il limite osservativo attuale si spinge fin oltre il miliardesimo di miliardesimo di metro). È per questo motivo che esso ci apparirebbe quadridimensionale, così come un tubo – che è una superficie bidimensionale –, visto da molto lontano, ci sembra un filo, cioè un oggetto unidimensionale. Forse sarebbe eccessivo dipingere il reverendo Abbott come un precursore di Kaluza e Klein, ma è perlomeno curioso che in *Flatlandia* il suo Quadrato dichiari che qualunque donna del suo paese «sebbene venga volgarmente definita una Linea Retta, è, in realtà, scientificamente un Parallelogramma molto sottile, dotato di due dimensioni» (attenzione a non considerare il reverendo Abbott un misogino: era al contrario un critico coerente e spietato della diffidenza nei confronti dell'autonomia femminile così diffusa nell'Inghilterra vittoriana).

Sebbene la teoria di Kaluza-Klein nella sua forma originaria sia per varie ragioni insoddisfacente, la riduzione delle dimensioni addizionali a cerchi minuscoli (che prende il nome di compattificazione) è un procedimento adottato oggi nella teoria delle stringhe, che è definita in uno spazio-tempo a 10 dimensioni. La coerenza della teoria richiede che le sei dimensioni spaziali supplementari – quelle che non percepiamo – siano compattificate in un particolare spazio, noto in matematica come varietà di Calabi-Yau, dal nome dei due matematici, l'italiano Eugenio Calabi e il cinese Shing-Tung Yau, che lo introdussero e studiarono ben prima che le sue applicazioni fisiche venissero alla luce. La teoria delle stringhe prevede anche l'esistenza di superfici e ipersuperfici, chiamate brane, che imprigionano le particelle e le forze. Il nostro universo potrebbe essere una brana tridimensionale immersa in un iperspazio multidimensionale.

Un'altra recente congettura è che, oltre alle dimensioni osservate, ce ne siano altre non piccolissime, ma accessibili solo alla gravità. La teoria delle grandi dimensioni extra è basata su un ragionamento che può essere fatto risalire a Immanuel Kant. In un suo scritto giovanile (*Pensieri sulla vera valutazione delle forze vive*, 1747), il filosofo di Königsberg ipotizzò che la tridimensionalità dello spazio avesse a che fare con la dipendenza della forza di gravità dall'inverso del quadrato della distanza. L'intuizione era corretta. Estendendo l'equazione del campo gravitazionale a un numero generico n di dimensioni spaziali (con n maggiore o uguale a 2), si scopre infatti che la forza di gravità decresce come l'inverso della potenza $(n - 1)$-esima della distanza.

Dunque, se le dimensioni spaziali sono 3 (il caso dello spazio ordinario), la forza di gravità varia proprio come $1/r^2$. Se le dimensioni fossero invece 4, la forza di gravità varierebbe come $1/r^3$; se fossero 5, varierebbe come $1/r^4$, e così via. In spazi di dimensione superiore, la gravità decresce più rapidamente a grandi distanze, ma è più intensa a piccole distanze. Poiché al di sotto del centesimo di millimetro non conosciamo bene la legge della gravità, niente impedisce che esistano delle dimensioni supplementari di quest'ordine di grandezza. Questa è l'idea di base della teoria delle grandi dimensioni extra. La straordinaria debolezza della forza gravitazionale (che è miliardi di miliardi di miliardi di miliardi di volte meno intensa della forza elettromagnetica) sarebbe, secondo questa teoria, solo un'illusione, dovuta al fatto che la gravità, a differenza delle altre forze, si diluisce nelle dimensioni in più dell'iperspazio in cui siamo immersi. L'idea è affascinante, ma per il momento non sappiamo se sia vera.

La geometria delle rughe

Il concetto di dimensione topologica, che abbiamo introdotto nel paragrafo precedente, non basta a caratterizzare le proprietà di certi oggetti dalla forma irregolare. La figura 2.7 mostra la traiettoria del moto browniano di una particella in sospensione

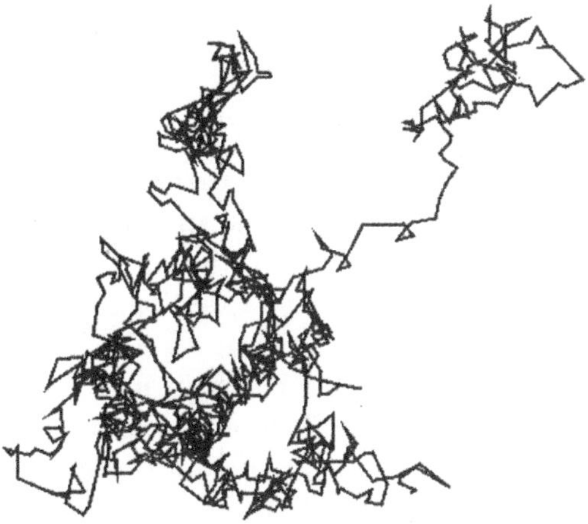

FIG. 2.7. Traiettoria tipica del moto browniano.

in un liquido (ne abbiamo parlato nel cap. 1). Sebbene si tratti di una linea, cioè di un oggetto di dimensione topologica 1, essa è molto più riempitiva di una normale curva e sembra ricoprire parzialmente il piano (che ha dimensione topologica 2). Per esprimere quantitativamente questa caratteristica si introduce una nozione diversa di dimensione.

Consideriamo una linea sufficientemente regolare e approssimiamola con una spezzata costituita da N segmenti di lunghezza ℓ. La lunghezza totale della spezzata è $N\ell$. Riducendo ℓ, la spezzata approssimerà sempre meglio la linea. Il prodotto $N\ell$ tenderà allora a una costante, che è la lunghezza della linea. Ciò significa che al variare di ℓ il numero N di segmenti che ricoprono la linea è inversamente proporzionale a ℓ: $N \sim 1/\ell^1$. Analogamente, se abbiamo una superficie abbastanza regolare, possiamo ricoprirla con quadratini di lato ℓ, il cui numero, con un ragionamento simile a quello appena svolto, sarà dato da $N \sim 1/\ell^2$.

Gli esponenti 1 e 2 di ℓ coincidono, nei due casi che abbiamo considerato, con la dimensione topologica degli oggetti in questione (linee e superfici). Ci sono però degli oggetti dalla forma molto irregolare per i quali il numero di elementi di ricoprimento (segmenti e quadratini) varia, in funzione del lato ℓ, come $N \sim 1/\ell^D$, dove D è un numero reale maggiore della dimensione topologica dell'oggetto. Oggetti di questo tipo sono chiamati frattali e D è la cosiddetta dimensione frattale, o di Hausdorff, dal nome del tedesco Felix Hausdorff, pioniere di questi studi (il quale, per la cronaca, pur essendo ebreo, non volle lasciare la Germania all'avvento di Hitler; espulso dall'università, continuò a svolgere privatamente la propria ricerca, pubblicando su una rivista polacca; nell'imminenza della deportazione in un campo di concentramento, si suicidò assieme alla moglie).

Maggiore è la differenza tra la dimensione di Hausdorff e la dimensione topologica di un oggetto, più questo oggetto è frastagliato e rugoso. Poiché $N \sim 1/\ell^D$, la lunghezza L di una linea frattale, misurata con segmenti di lunghezza ℓ, è $L = N\ell \sim 1/\ell^{D-1,}$ con $D > 1$, e quindi cresce al decrescere di ℓ. Questa è una delle peculiarità dei frattali: se li misuriamo con una risoluzione maggiore, risultano più lunghi (o più estesi). Un'altra loro caratteristica è l'auto-similarità: i frattali sono uguali su tutte le scale – ogni dettaglio, ingrandito, riproduce la figura intera. Lo si vede molto bene in un famoso frattale *ante litteram*, la curva «fiocco di neve» ideata nel 1904 dallo svedese Helge von Koch e definita come il limite di una successione di spezzate ottenute dividendo un segmento in tre parti, sostituendo la parte centrale con due segmenti che formano i lati di un triangolo equi-

Fig. 2.8. Curva di Koch.

latero, e iterando il procedimento per ognuno dei segmenti risultanti (fig. 2.8). La dimensione frattale della curva di Koch può essere calcolata esattamente e vale $D = \frac{\ln 4}{\ln 3}$, cioè approssimativamente 1,26.

Sebbene alcune nozioni della teoria dei frattali risalgano a più di un secolo fa, questo ramo della matematica è stato sviluppato soprattutto a partire dagli anni Sessanta del Novecento dal franco-polacco Benoît Mandelbrot. Servendosi «di occhio, di mano, e poi del computer», Mandelbrot – che amava definirsi «un profugo dell'intelletto» e ricordava di aver avuto l'idea dei frattali osservando che i movimenti dei prezzi azionari si ripetevano identicamente su scale temporali diverse – ha trasformato i concetti e le intuizioni di Hausdorff, Koch e altri in una disciplina coerente, mostrando come i frattali (il termine è suo) permettano di descrivere quantitativamente sistemi e oggetti che sarebbero altrimenti relegati nell'indistinto mondo dell'irregolarità. Un celebre esempio è fornito dallo stesso Mandelbrot nell'articolo fondante della teoria, pubblicato nel 1967 con il titolo *Quanto è lunga la costa della Bretagna?* Le lunghezze L di alcune linee costiere seguono, in funzione del passo di approssimazione ℓ, la legge che abbiamo menzionato sopra, $L \sim 1/\ell^{D-1}$, con un esponente D (la dimensione frattale) che dipende dal tipo di costa. Se la costa è frastagliata, una risoluzione di 10 chilometri permette di misurare una serie di piccole irregolarità (baie e sotto-baie, penisole e sotto-penisole), che con una risoluzione di 100 chilometri non potrebbero essere apprezzate, e fornisce perciò una lunghezza maggiore. La dimensione D è in questo caso un numero più grande di 1. La costa della Norvegia è molto frastagliata e ha una dimensione frattale $D = 1{,}52$. Nel caso di una costa liscia come quella del Sudafrica, invece, la risoluzione è irrilevante, e L è costante (D è all'incirca uguale a 1, cioè coincide con la dimensione topologica).

Le ricerche di Mandelbrot hanno rivelato che i frattali sono ubiqui. L'universo ha una distribuzione frattale di galassie, sono frattali le nuvole, i fulmini, le catene montuose, gli alberi e, negli organismi viventi, tutte quelle strutture ramificate che comprimono grandi superfici – attraverso le quali avvengono scambi di sostanze – in piccoli volumi, come i polmoni (la cui superficie ha dimensione di Hausdorff di poco inferiore a 3: è quasi un volume pieno). Un bel frattale è in vendita dal verduriere: il cavolfiore, di dimensione all'incirca 2,3. E se prendiamo un foglio di carta e lo appallottoliamo, otteniamo un frattale di dimensione 2,5. La natura, come al solito, ci ha preceduti: la molecola dell'emoglobina è «accartocciata» in modo analogo, con la stessa dimensione frattale.

I solidi noti

Passando dalla geometria piana alla geometria solida – cioè da *due* a *tre* dimensioni (topologiche) – si osserva un fatto curioso. Mentre nel piano i poligoni regolari (figure delimitate da segmenti uguali che formano angoli uguali) possono avere un numero qualsiasi di lati e sono pertanto infiniti, nello spazio tridimensionale i loro omologhi, i poliedri regolari (solidi delimitati da poligoni regolari uguali che formano angoloidi uguali) sono in numero limitato, appena cinque. (Nello spazio quadridimensionale gli iperpoliedri, o politopi, regolari sono sei, e in tutti gli spazi di dimensione superiore si riducono a tre.)

A quanto pare, dell'esistenza dei cinque poliedri regolari si era già accorto Pitagora, ma fu Platone a trattare estesamente l'argomento nel *Timeo* (e perciò questi poliedri sono noti come «solidi platonici»). Il loro numero si prestava a una suggestiva interpretazione: Platone associò i primi quattro poliedri (tetraedro, cubo, ottaedro, icosaedro) agli elementi fondamentali della natura (nell'ordine, fuoco, terra, aria, acqua) e l'ultimo, il dodecaedro, all'intero universo.

Alcune proprietà dei solidi platonici erano note sin dall'Antichità: per esempio, i raggi delle sfere circoscritte e delle sfere inscritte. Keplero usò questi valori per ideare una curiosa teoria cosmologica. Nel *Mysterium cosmographicum* (1596) ipotizzò che sussistesse una correlazione tra i sei pianeti noti all'epoca (Mercurio, Venere, Terra, Marte, Giove, Saturno) e i cinque solidi platonici, e in particolare che ognuno dei cinque poliedri fosse inscritto nella sfera orbitale di un pianeta e circoscritto alla sfera del pianeta più interno. Ne risultava una complessa costruzione gerarchica, in cui il cubo era incastonato tra Saturno e Giove, il tetraedro tra Giove e Marte, il dodecaedro tra Marte e la Terra, l'icosaedro tra la Terra e Venere, l'ottaedro tra Venere e Mercurio. Per quanto tutto ciò ci appaia oggi bizzarro, la teoria kepleriana sembrava, almeno al suo autore, sostenuta dai dati. I rapporti tra il raggio della sfera inscritta e il raggio della sfera circoscritta a ogni poliedro regolare risultavano, infatti, approssimativamente uguali ai rapporti – ricavati dalle osservazioni astronomiche – tra i raggi orbitali dei pianeti. Per esempio, il rapporto tra i raggi della sfera inscritta e della sfera circoscritta a un icosaedro è 0,795, quasi uguale al rapporto tra i raggi orbitali di Venere e della Terra, che, secondo le misure dell'epoca, era 0,794. Si trattava, evidentemente, di una pura coincidenza numerica; ma Keplero vi vedeva la prova della disposizione dei pianeti secondo la serie dei poliedri regolari. Come si è detto, alcuni anni dopo avrebbe scoperto le sue tre leggi dei pianeti; ma, da buon pitagorico qual era, sarebbe rimasto sempre affezionato alla teoria dei solidi platonici (come pure a un'altra teoria, secondo cui i pianeti erano associati agli intervalli musicali).

Una peculiarità dei solidi platonici è che possono essere suddivisi in coppie di figure duali. Due poliedri sono duali quando i vertici di uno sono i centri delle facce dell'altro, e viceversa: il cubo è duale dell'ottaedro, l'icosaedro è duale del dodecaedro, il tetraedro è duale di se stesso. I solidi duali sono caratterizzati dallo stesso gruppo di simmetria. Il cubo e l'ottaedro hanno 48 trasformazioni di simmetria: 24 rotazioni (di ordine 2, 3 e 4) e 24 tra riflessioni e roto-riflessioni (trasformazioni che combinano una rotazione con una riflessione). Il dodecaedro e l'icosaedro hanno 120 trasformazioni di simmetria: 60 rotazioni (di ordine 2, 3 e 5) e 60 tra riflessioni e roto-riflessioni. Il tetraedro ha 24 trasformazioni di simmetria: 12 rotazioni (di ordine 2 e 3) e 12 tra rotazioni e roto-riflessioni. Considerando solo le simmetrie rotazionali, il gruppo di simmetria del cubo e dell'ottaedro è isomorfo al gruppo delle permutazioni di 4 oggetti, chiamato S_4, che contiene $4! = 24$ elementi. Il gruppo di simmetria dell'icosaedro e del dodecaedro, invece, ha la stessa struttura del gruppo delle permutazioni pari di 5 elementi (le permutazioni pari sono quelle scomponibili in un numero pari di scambi di coppie di elementi), il cosiddetto gruppo alterno A_5. Il gruppo di simmetria del tetraedro è il gruppo alterno A_4 delle permutazioni pari di 4 elementi.

Spodestati dal cielo, dove Keplero credeva di aver individuato la loro presenza, i cinque solidi platonici hanno trovato posto sulla Terra, nelle profondità della materia e del mondo vivente. L'icosaedro ha grande successo presso i virus, le cui capsidi – le strutture che racchiudono il materiale genetico – hanno spesso quella forma, costruita a partire da unità proteiche elementari. Famosi – soprattutto per le meravigliose illustrazioni dello zoologo tedesco

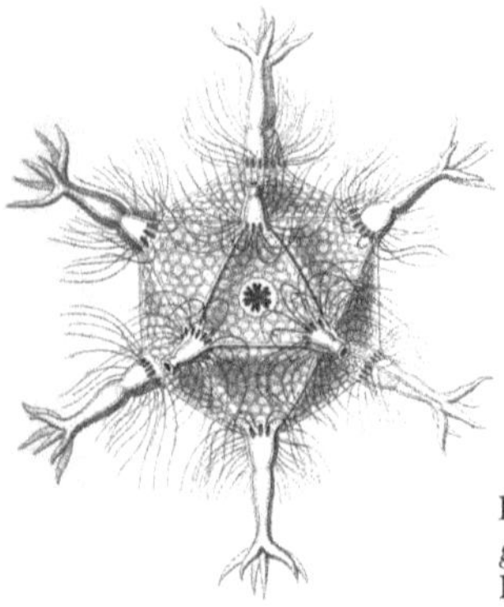

FIG. 2.9. Un radiolare del genere *Circogonia*, a forma di icosaedro, disegnato da Haeckel.

Ernst Haeckel – sono i radiolari, protozoi del plancton, dotati di scheletri silicei straordinariamente elaborati, alcuni dei quali hanno la forma di poliedri regolari (fig. 2.9). Tra le migliaia di radiolari descritti da Haeckel, spiccano quelli a forma di ottaedro (genere *Circoporus*), di icosaedro (genere *Circogonia*) e di dodecaedro (genere *Circorrhegma*).

Anche il tetraedro è rappresentato tra i radiolari, ma la sua collocazione principale in natura è tra le molecole. Nel metano (formula chimica CH_4), un atomo di carbonio è legato a quattro atomi di idrogeno. Ogni legame consiste in una coppia di elettroni condivisa tra il carbonio e un atomo di idrogeno. Dal momento che queste coppie elettroniche tendono a respingersi, gli atomi si dispongono in modo tale che tra esse ci sia la massima distanza possibile. La configurazione risultante è quella di un tetraedro regolare con il carbonio al centro e i quattro atomi di idrogeno ai vertici. L'angolo tra i legami risulta avere così il massimo valore possibile (con la condizione che tutti gli angoli siano uguali), vale a dire 109,5°. Nella molecola di ammoniaca (NH_3), invece, l'atomo di azoto si lega solo con tre atomi di idrogeno. La quarta coppia di elettroni – quella non condivisa – è più vicina all'atomo di azoto ed esercita una maggiore repulsione sulle tre coppie di legame. L'angolo tra i legami si riduce a 107,8° e la forma della molecola di ammoniaca è una piramide a base triangolare. Molecole in cui un atomo centrale è legato a sei altri atomi, con tutte le coppie elettroniche condivise, hanno la forma di un ottaedro. Un esempio è l'esafluoruro di zolfo, la cui formula chimica è SF_6.

Un secolo dopo l'apparizione dei poliedri regolari nel *Timeo*, Archimede fece quello che ogni buon matematico fa: propose una variazione sul tema. Attenuò la richiesta di regolarità perfetta, studiando dei poliedri delimitati da poligoni regolari diversi. Ne risultò una lista di tredici poliedri semiregolari (o «archimedei»), uno dei quali – l'icosaedro troncato, delimitato da 12 pentagoni e 20 esagoni – avrebbe avuto a distanza di duemila anni un grande successo come forma del pallone da calcio. A lungo si è pensato che la natura non avesse fatto uso di questa figura e del suo gruppo di simmetria: nell'autorevole trattato di Morton Hamermesh sulle applicazioni della teoria dei gruppi (1962) si affermava esplicitamente che il gruppo icosaedrico «non ha alcun interesse fisico [...] perché non sono noti esempi di molecole con questa simmetria». Ma la fantasia degli scienziati non ha confini, e le risorse della natura sono sorprendenti. Nel 1981 i fisici teorici Tullio Regge e Mario Rasetti immaginarono un reticolo di 60 particelle a forma di icosaedro troncato, e ne studiarono le proprietà usando la teoria dei gruppi. Appena quattro anni dopo, questo sistema ideale divenne realtà: i chimici Harold Kroto, Richard Smalley e Robert Curl scoprirono il fullerene, una molecola costituita da 60 atomi di carbonio disposti ai vertici di un icosaedro troncato. In un primo momento, i tre ricercatori pensarono che i 60 atomi formassero un reticolo di soli esagoni, ma si accorsero presto che questa struttura non poteva chiudersi esattamente. A nessuno di loro venne in mente di consultare un qualsiasi testo di geometria solida: avrebbero constatato che il motivo per cui un poliedro non può avere tutte le facce esagonali risiede in un'importante e semplice relazione, dovuta a Eulero, tra il numero delle facce (F), il numero degli spigoli (S) e il numero dei vertici (V) di un poliedro: $F - S + V = 2$. Se tutte le facce fossero esagonali, la relazione di Eulero sarebbe violata, perché con F facce ci sarebbero $3F$ spigoli e $2F$ vertici, e si avrebbe quindi $F - S + V = F - 3F + 2F = 0$. Per far tornare i conti bisogna sostituire 12 esagoni con altrettanti pentagoni. Kroto giunse a questa conclusione per via empirica, ricordandosi di una cupola geodetica composta da una rete esagonale di travi che l'architetto Richard Buckminster Fuller aveva realizzato per l'Expo 1967 di Montréal. Tra gli esagoni Fuller aveva dovuto inserire dei pentagoni per chiudere la struttura. Era la chiave per risolvere l'enigma della forma del C_{60}: dopo alcuni tentativi con esagoni e pentagoni, Kroto e colleghi scoprirono il micropallone di carbonio. Il nome che diedero alla molecola rappresentò il doveroso omaggio all'architetto statunitense che li aveva ispirati. Retrospettivamente, l'esistenza del fullerene avrebbe potuto essere predetta sulla base di considerazioni matematiche e chimiche (e in effetti, come poi si seppe, qualcuno – David E.H.

Jones – l'aveva prevista nel 1966): da un lato, infatti, la relazione di Eulero implica che non possa esistere un poliedro esagonale; dall'altro, la chimica organica insegna che anelli pentagonali di carbonio adiacenti non sono stabili (il che esclude la possibilità del dodecaedro). La soluzione geometrica più semplice, quella che la natura ha adottato, è l'icosaedro troncato di Archimede.

Ricoprire lo spazio

Il vero trionfo della geometria solida si celebra nei cristalli. La cristallografia nacque in Francia alla fine del Settecento per opera di due studiosi, Jean-Baptiste Louis Romé de l'Isle e René-Just Haüy, affascinati dalla classificazione generale delle specie animali e vegetali introdotta da Linneo (Carl von Linné) nel suo *Systema naturae* (1735), e desiderosi di produrre una tassonomia simile anche per il regno minerale. Fin dall'inizio, doveva rappresentare un importante terreno di incontro tra scienze della materia (fisica, chimica, mineralogia) e matematica. Fu soprattutto la scuola cristallografica tedesca, rappresentata da Christian S. Weiss e Johann F.C. Hessel, ad avviare il programma di matematizzazione della scienza dei cristalli. Hessel scoprì attorno al 1830 che le strutture cristalline hanno simmetrie rotazionali di ordine 2, 3, 4 e 6, cioè sono invarianti rispetto a rotazioni di 180°, 120°, 90°, 60° e multipli interi di questi angoli.

Ma il passo decisivo venne compiuto nel 1849 dal mineralogista francese Auguste Bravais, il quale comprese che i cristalli hanno una struttura reticolare, cioè sono costituiti da celle elementari che si ripetono periodicamente nello spazio. Bravais individuò tutte le possibili celle, che sono 14 (a forma di parallelepipedo, cubo o prisma), caratterizzate da alcuni parametri fissi (gli angoli e i rapporti tra le lunghezze degli spigoli). Alla luce di questi risultati si capì perché le simmetrie rotazionali dei cristalli sono di ordine 2, 3, 4 e 6. Queste infatti sono le sole simmetrie di rotazione compatibili con la periodicità delle strutture cristalline. Simmetrie rotazionali diverse, di ordine 5 (pentagonale) e di ordine 10 (decagonale), non permettono di ricoprire lo spazio con un'unica cella che si ripete dappertutto. Ecco perché tra le figure dei cristalli non compaiono il dodecaedro e l'icosaedro (che, come abbiamo visto, hanno simmetrie pentagonali).

Tenendo conto di tutte le possibili trasformazioni geometriche che lasciano invariati i cristalli, si trova che il numero dei loro gruppi di simmetria è 230. Questi gruppi furono enumerati indipendentemente, e negli stessi anni (1890-1894), dal russo Evgraf S. Fëdorov, dal tedesco Arthur M. Schönflies e dall'inglese William Barlow. Ma bisognerà aspettare il 1912 e lo sviluppo delle tecniche di diffrazione dei raggi X, da parte di Max von Laue, per avere una conferma sperimentale della struttura regolare dei cristalli e osservare finalmente le geometrie immaginate dai cristallografi.

Lasciamo momentaneamente lo spazio tridimensionale, e vediamo che cosa succede nel piano. L'equivalente bidimensionale di un cristallo è qualcosa di familiare (e di facilmente visualizzabile): è una tassellatura, ovvero un ricoprimento del piano con figure che si ripetono periodicamente – in pratica, un pavimento piastrellato. I gruppi di simmetria di una struttura periodica planare sono 17 e sono tutti splendidamente rappresentati nelle decorazioni dell'Alhambra, a Granada, e nelle geniali opere grafiche dell'olandese Maurits Cornelis Escher, il maestro insuperato delle tassellature artistiche.

Se immaginiamo un pavimento ricoperto da un solo tipo di piastrelle, ci rendiamo subito conto che queste non possono avere una simmetria rotazionale di ordine 5: non si può ricoprire il piano con i pentagoni (rimane sempre qualche vuoto). Ma nel 1974 il fisico matematico britannico Roger Penrose ha scoperto un ricoprimento del piano, fatto con due tasselli quadrangolari, che presenta una simmetria pentagonale. Il prezzo che si paga per realizzare questa simmetria «proibita» è la non periodicità: lo schema di Penrose (fig. 2.10) non si ripete periodicamente, ma possiede comunque un alto grado di regolarità (è quasi periodico). I due tasselli hanno la forma di freccia e di aquilone, e possono essere scomposti in triangoli isosceli simili a quelli in cui un pentagono regolare è suddiviso dalle sue diagonali. Escher non ha mai prodotto tassellature *à la* Penrose; ma ci avevano già pensato, nell'epoca che corrisponde al nostro Medioevo, i decoratori islamici, in Turchia e in Persia.

La matematica offre una *chance* alle simmetrie rotazionali di ordine 5 e di ordine 10. E la natura? Torniamo allo spazio tridimensionale e ai cristalli. Nel 1984 comparve un articolo di un gruppo di fisici guidati dall'israeliano Daniel Schechtman, in cui si annunciava la scoperta di cristalli non periodici, dotati di simmetria icosaedrica. Molti chimici accolsero questo risultato con scetticismo, attribuendolo a un'a-

FIG. 2.10. Tassellatura di Penrose.

nalisi erronea dei dati. Alla luce della cristallografia tradizionale, le osservazioni di Schechtman e collaboratori apparivano assurde: i cristalli erano considerati, per definizione, strutture periodiche, e la periodicità, come abbiamo visto, implica l'assenza di certe simmetrie rotazionali. Ma la scoperta dei quasi-cristalli (così chiamati perché non sono né amorfi né esattamente periodici come i cristalli ordinari) venne presto confermata, e comportò un radicale ripensamento della nozione di ordine cristallino. A quel punto ci si accorse delle idee di Penrose sui ricoprimenti non periodici del piano, che fino a quel momento erano rimaste confinate in un ambito puramente geometrico, e divenne chiaro che la matematica si era incarnata, una volta di più, nella natura. Schechtman ha ricevuto il Nobel per la chimica nel 2011, e nella sua lezione all'Accademia svedese delle Scienze la tassellatura di Penrose ha fatto bella mostra di sé accanto alle figure di diffrazione dei quasi-cristalli.

Attraverso lo specchio

Ora, Kitty, se mi dai un po' di retta senza chiacchierare tanto, ti dirò come la penso a proposito della Casa dello Specchio. Prima di tutto, c'è la stanza che puoi vedere dall'altra parte del vetro ... è uguale al nostro salotto, solo che le cose sono all'incontrario. [...] Ti piacerebbe abitare nella Casa dello Specchio, Kitty? Chissà se ti darebbero il latte anche lì? Forse il Latte dello Specchio non è buono...

Non sappiamo se Lewis Carroll, alias Charles Dodgson, conoscesse il fenomeno dello stereoisomerismo scoperto qualche decennio prima da Louis Pasteur, ed è altamente improbabile che immaginasse i profondi segreti della natura che si annidano negli specchi (e che avrebbero sorpreso anche i fisici del secolo successivo). Ma l'osservazione di Alice sul «Latte dello Specchio» non può non apparirci, con il senno di poi, straordinariamente suggestiva.

L'operazione che effettuiamo tutti i giorni quando ci guardiamo in uno specchio venne concettualizzata matematicamente abbastanza tardi, tra la fine del Settecento e l'inizio dell'Ottocento: solo da allora si cominciò a parlare della simmetria di riflessione nei testi di geometria, e potrebbe essere stata questa – assieme alla fotografia, di cui era appassionato – la fonte di ispirazione di Dodgson, docente di matematica a Oxford e grande conoscitore della manualistica geometrica. Il primo fatto che i matematici osservarono fu che un solido asimmetrico e la sua immagine riflessa nello specchio sono figure che non possono essere sovrapposte, cioè non possono essere fatte coincidere mediante un movimento rigido (l'esistenza di solidi aventi la stessa estensione e la stessa disposizione relativa delle parti, ma non sovrapponibili, era stata già notata da Immanuel Kant in uno scritto del 1768 intitolato *Del primo fondamento della distinzione delle regioni nello spazio*, ma le sue osservazioni – volte a dimostrare che lo spazio non si riduce a un insieme di relazioni tra oggetti, ma è qualcosa di assoluto e originario, «non oggetto di sensazione esterna, ma concetto fondamentale che rende per primo possibili tutte quelle sensazioni» – non avevano lasciato alcun segno in campo matematico).

Può sembrare a prima vista che l'esistenza di figure non sovrapponibili sia una peculiarità dello spazio tridimensionale. Due figure piane speculari, infatti, sono sempre sovrapponibili per ribaltamento, cioè capovolgendo l'una sull'altra. Questa operazione, tuttavia, richiede di uscire dal piano, e di entrare nella terza dimensione (a Flatlandia non sarebbe consentita!). Due triangoli speculari rispetto a un asse non possono essere fatti coincidere mediante un'operazione che rimanga confinata nel piano. In generale, per sovrapporre due figure speculari n-dimensionali bisogna accedere a una dimensione superiore, la $(n + 1)$-esima. Dunque, due solidi speculari possono sì essere sovrapposti (con buona pace di Kant), ma solo per mezzo di un movimento nella quarta dimensione.

Nel 1848 Louis Pasteur, che, prima di rivoluzionare la microbiologia e la medicina, fu un grande chimico, scoprì che una sostanza presente nell'uva, l'acido tartarico, può esistere in due forme diverse, che hanno la proprietà di far ruotare in senso opposto la polarizzazione della luce. Osservò che i cristalli delle due forme di acido tartarico sono speculari e non sovrapponibili, e congetturò che anche le molecole del composto avessero la stessa caratteristica. Alcuni decenni dopo, l'ipotesi fu confermata. Oggi sappiamo che le molecole contenenti uno o più atomi di carbonio asimmetrici, cioè legati a gruppi chimici diversi, sono chirali (termine coniato da Lord Kelvin nel 1883, dal greco *kheir*, mano), cioè esistono in due configurazioni speculari, dette stereoisomeri. Uno dei due stereoisomeri, chiamato levogiro, fa ruotare la polarizzazione della luce verso sinistra; l'altro, chiamato destrogiro, la fa ruotare verso destra.

Le principali molecole della vita sono chirali: lo sono gli amminoacidi, unità di base delle proteine, e anche gli zuccheri, che svolgono un ruolo chiave nel metabolismo ed entrano nella struttura del DNA e dell'RNA. Il fatto sorprendente è che, sebbene queste molecole esistano in due forme speculari, tutti (o quasi) gli esseri viventi usano solo una di esse: amminoacidi levogiri e zuccheri destrogiri. Aveva ragione Alice a diffidare del Latte dello Specchio: la sua caseina sarebbe fatta di amminoacidi destrogiri e il suo lattosio sarebbe levogiro, diversamente dalle corrispondenti molecole del latte che abbiamo in frigorifero.

Torniamo così agli specchi. Uno specchio verticale, come quelli con cui abbiamo comunemente a che fare, scambia il davanti col dietro: se confrontiamo, lungo un asse orizzontale, l'oggetto reale con quello riflesso, scopriamo che ciò che è davanti nel primo si ritrova dietro nel secondo, e viceversa. Ogni specchio piano inverte il segno della coordinata spaziale su un asse perpendicolare alla propria superficie. In un suo saggio sugli specchi, Umberto Eco ha osservato che «se invece di essere abituati a specchi verticali praticassimo molto specchi posti orizzontalmente sul soffitto, come usano i libertini, ci convinceremmo che gli specchi ribaltano anche l'alto con il basso, mostrandoci un mondo a testa in giù». Uno specchio (ideale) che inverta il segno di tutte e tre le coordinate spaziali, $x \rightarrow -x$, $y \rightarrow -y$, $z \rightarrow -z$, cioè che scambi contemporaneamente il davanti col dietro, l'alto col basso, la destra con la sinistra, realizza quella che i fisici chiamano trasformazione di parità (e indicano con *P*). Che cosa succede quando la natura si guarda in questo specchio? Continua a funzionare nello stesso modo (cioè è simmetrica per parità)? Per lungo tempo si è creduto di sì. Tutti i fenomeni che avvengono sotto i nostri occhi, e anche a livello atomico, ammettono le loro controparti speculari, e la natura non distingue gli uni dalle altre. Ma nel 1957 un esperimento mostrò che alcuni fenomeni subatomici – quelli governati dalla forza nucleare debole – non sono invarianti rispetto a *P* e possono essere distinti dalle loro immagini riflesse, che la natura esclude.

A ipotizzare la rottura della simmetria di parità furono, nel 1956, due giovani fisici teorici di origine cinese, Chen-Ning Yang e Tsung-Dao Lee. La loro idea era talmente rivoluzionaria che quasi nessuno la prese sul serio. Ma un'altra studiosa di origine cinese, un'abilissima sperimentatrice di nome Chien-Shung Wu (nota a tutti come Madame Wu), decise di controllarla. L'esperimento, completato all'inizio del 1957, diede un esito clamoroso: la simmetria *P* risultava palesemente violata nei fenomeni in cui entravano in gioco le interazioni nucleari deboli (incidentalmente ricordiamo che Yang e Lee ricevettero il Nobel nel 1957; lo stesso riconoscimento non è mai stato assegnato a Madame Wu).

Il processo studiato da Madame Wu è il decadimento beta di un nucleo di cobalto, che, per effetto della forza debole, si trasforma in un nucleo di nichel emettendo un elettrone. Il nucleo di cobalto ha uno spin, la cui direzione è determinata dal verso di rotazione del nucleo. Guardando il processo allo specchio, cioè effettuando una trasformazione di parità, si vede che lo spin del nucleo rimane invariato, mentre la direzione dell'elettrone si inverte. Se il processo fosse simmetrico per parità, l'elettrone dovrebbe avere la stessa probabilità di essere emesso nella direzione dello spin e nella direzione opposta. Sperimentalmente si trova, invece, che gli elettroni vengono prevalentemente emessi in direzione opposta allo spin. Dei due processi speculari, la natura ne ammette solo uno.

Mentre uno specchio ordinario, come quelli con cui abbiamo abitualmente a che fare, inverte le coordinate spaziali, un altro «specchio» esistente in natura inverte i segni delle cariche elettriche, effettuando l'operazione nota come coniugazione di carica (e indicata con *C*). La materia che si riflette in questo specchio diventa antimateria: un elettrone di carica negativa diventa un positrone di carica positiva; un protone di carica positiva diventa un antiprotone di carica negativa.

L'idea dell'antimateria, dovuta al fisico teorico inglese Paul Dirac, trae origine da una semplice constatazione matematica: quando si estrae la radice quadrata di un numero, oltre al risultato positivo, ce n'è un altro, uguale in valore assoluto ma negativo. Per esempio, $\sqrt{25}$ è +5 o −5, perché entrambi i numeri, elevati al quadrato, danno 25. Questo fatto era stato notato nel Cinquecento da Gerolamo Cardano; ma all'epoca i numeri negativi erano visti con sospetto, e le radici negative erano considerate «fittizie». Qualcosa del genere pensarono anche i fisici di inizio Novecento, trovandosi di fronte alla relazione einsteiniana tra energia (E), massa (m) e quantità di moto (p) di una particella (c è la velocità della luce): $E^2 = m^2c^4 + p^2c^2$. L'energia della particella si trova estraendo la radice quadrata, e i risultati matematicamente possibili sono due: uno positivo, $E = +\sqrt{m^2c^4 + p^2c^2}$ e uno negativo, $E = -\sqrt{m^2c^4 + p^2c^2}$. Nel caso particolare in cui la particella sia ferma ($p = 0$), queste soluzioni si riducono a $E = +mc^2$ (la famosa formula di Einstein) e $E = -mc^2$ (il suo opposto). Come gli algebristi rinascimentali, i fisici prequantistici considerarono fittizie le radici negative! Avevano, a dire il vero, buone ragioni per farlo, perché i due valori di energia sono separati da una discontinuità, e non c'è alcun processo continuo che permetta una transizione dall'energia $+mc^2$ all'energia $-mc^2$. Quest'ultima, dunque, poteva essere scartata come soluzione priva di senso (fisico).

Ma la meccanica quantistica avrebbe cambiato completamente lo scenario: ammettendo la possibilità di salti discontinui di energia, riportava in gioco le energie negative. Si poneva così la questione della stabilità della materia. Che cosa impedisce a una particella di energia positiva di saltare in uno stato di energia negativa? La risposta fu data da Dirac nel 1931: gli stati di energia negativa (il cosiddetto «mare di Dirac») sono tutti occupati e non possono quindi ospitare altre particelle. Se, però, si sottrae al mare di Dirac uno dei suoi occupanti – una particella di energia negativa –, creando così una lacuna, il sistema che si ottiene corrisponde a un oggetto di energia positiva e di carica elettrica opposta, cioè a un'*antiparticella*. Le antiparticelle sono quindi associate all'assenza di particelle di energia negativa. Il positrone, per esempio, che è l'antiparticella associata all'elettrone (e ha la stessa massa dell'elettrone e carica uguale in valore assoluto e opposta, quindi positiva), corrisponde a una lacuna nel mare di stati elettronici di energia negativa. Abbastanza presto, dopo la predizione della sua esistenza, il positrone fu effettivamente scoperto nei raggi cosmici dal fisico statunitense Carl D. Anderson; in realtà, era stato osservato casualmente anche prima, ma gli sperimentatori – non essendo pronti ad accogliere una particella con quelle caratteristiche – avevano pensato a un effetto spurio.

L'idea del mare di Dirac ha svolto storicamente un ruolo importante nella sintesi tra la meccanica quantistica e la relatività speciale; ma è superata dall'attuale teoria quantistica dei campi, secondo la quale particelle e antiparticelle sono descritte dallo stesso campo quantistico. Rimane valido il concetto di coniugazione di carica, la trasformazione che fa passare da una particella a un'antiparticella (e viceversa) cambiando il segno della carica elettrica. Lo specchio *C*, in realtà, agisce anche quando la particella è neutra, cioè quando ha carica elettrica zero: in questo caso, inverte il segno di altre proprietà. Per coniugazione di carica un neutrone diventa un antineutrone, e un neutrino diventa un antineutrino.

L'antimateria è una realtà quotidiana nei laboratori di fisica subnucleare. Ma sebbene l'universo fosse composto, al momento del Big Bang, di materia e antimateria in ugual misura, oggi ci appare fatto solo di materia (elettroni, protoni, neutroni, ecc.), non di antimateria (positroni, antiprotoni, antineutroni, ecc.). Qual è l'origine di tale asimmetria?

La risposta potrebbe venire da una combinazione dei due specchi della natura di cui abbiamo parlato, lo specchio *P* della parità, e lo specchio *C* della coniugazione di carica. Lo specchio *P*, come si è detto, è rotto dalla forza debole; questa rompe anche lo specchio *C*, perché distingue tra materia e antimateria. Ma se combiniamo i due specchi nello specchio *CP*, la simmetria sembra riemergere: molti processi deboli sono invarianti rispetto all'operazione combinata di parità e coniugazione di carica. In altri termini, sebbene distingua tra destra e sinistra, e tra particelle e antiparticelle, la forza debole non sembra distinguere tra la destra per una particella e la sinistra per un'antiparticella. Questa è la simmetria *CP*, e, per alcuni anni dopo la scoperta della violazione di *P*, i fisici ritennero che fosse una simmetria esatta della natura. Ma dovevano ricredersi: un gruppo di ricercatori americani guidati da James W. Cronin e Val L. Fitch scoprì nel 1964 che anche lo specchio *CP* è rotto – sia pure di poco e solo in certi casi – dalle interazioni deboli. L'asimmetria tra destra e sinistra, dunque, non è compensata esattamente dall'asimmetria tra materia e antimateria.

Nel 1967 il fisico sovietico Andrej Sacharov, che fu anche uno dei più famosi dissidenti dell'epoca brezneviana, suggerì che all'origine dell'attuale dominanza della materia nell'universo ci fosse proprio la rottura della simmetria *CP*. Ipotizzò che l'universo, partendo da uno stato iniziale simmetrico, avesse accumulato, nei primi istanti di vita, un piccolo eccesso di materia a causa dei processi con violazione di *CP*; successivamente l'annichilazione tra particelle e antiparticelle avrebbe eliminato l'antimateria, lasciando solo la materia in sovrappiù. La teoria di Sacharov è oggi comunemente accettata; resta, però, un problema quantitativo: la violazione di *CP* osservata è troppo piccola perché il meccanismo spieghi l'attuale asimmetria cosmica tra materia e antimateria. Si è alla ricerca di una «nuova fisica» che preveda una rottura più pronunciata dello specchio *CP*.

La forma dell'universo

Per due millenni gli *Elementi* di Euclide (inizio del III secolo a.C.) hanno rappresentato l'esempio supremo di un sapere strutturato deduttivamente, a partire da un insieme ristretto di proposizioni di base: ventitré «definizioni», cinque «postulati» e altrettante «nozioni comuni». Dei cinque postulati, quattro appaiono elementari e abbastanza intuitivi; il quinto è meno evidente. Ecco il suo enunciato: «Se una retta, intersecando due altre rette, forma con esse, da una medesima parte, angoli interni la cui somma è minore di due angoli retti, allora le due rette, illimitatamente prolungate, si incontrano dalla parte detta [cioè non sono parallele]». Esistono formulazioni equivalenti di questo postulato. Quella più nota, e più diffusa nei testi moderni, è dovuta al matematico scozzese del Settecento John Playfair: «Per un punto non appartenente a una data retta non è possibile tracciare più di una parallela a quella retta».

La peculiarità del quinto postulato è accentuata dal fatto che le dimostrazioni dei primi ventotto teoremi degli *Elementi* non lo richiedono (tra i teoremi successivi la cui dimostrazione si basa su questo postulato, ce n'è uno molto importante, su cui torneremo, quello che afferma che la somma degli angoli interni di un triangolo è pari a due retti, cioè a 180°). Per lungo tempo, molti matematici ritennero che il quinto postulato potesse essere dedotto dagli altri postulati e dalle nozioni comuni, cioè che fosse un teorema sotto mentite spoglie. Ma i numerosi tentativi di dimostrarlo si rivelarono infruttuosi. Nel corso del Settecento c'era ormai più che un semplice sospetto che il quinto postulato fosse indipendente dagli altri, e cominciò ad affacciarsi l'idea che fosse possibile, negandolo, costruire una geometria diversa da quella euclidea, ma ugualmente coerente. Il tedesco Ferdinand Karl Schweikart, uno dei tanti uomini di legge che si sono occupati felicemente di matematica nel tempo libero, sostenne nel 1818 l'esistenza di due geometrie: la geometria euclidea e una geometria alternativa, basata sul postulato che la somma degli angoli di un triangolo non è uguale a 180° (una possibilità che era stata studiata anche dal matematico svizzero Johann Heinrich Lambert e prima ancora dal gesuita italiano Gerolamo Saccheri, il quale aveva costruito un'intera geometria basata sulla negazione del quinto postulato, ma si era convinto – erroneamente – che fosse contraddittoria). Alla geometria non euclidea Schweikart diede il nome di «geometria astrale», perché riteneva che potesse valere solo nello spazio interstellare.

Nel frattempo, un'idea simile era stata concepita da Gauss, il quale fu il primo a cogliere un punto cruciale, e cioè che la geometria euclidea non ha una validità a priori e non è necessariamente la geometria dello spazio fisico. Egli sviluppò – senza tuttavia pubblicare la sue ricerche – una geometria non euclidea, in cui il quinto postulato di Euclide era sostituito dall'assunzione che per un punto esterno a una retta passa più di una parallela. La stessa geometria venne inventata indipendentemente dal russo Nikolaj Lobačevskij e dall'ungherese János Bolyai, i quali la diffusero in una serie di scritti pubblicati tra il 1829 e il 1835. Il postulato delle parallele su cui essa è basata ha un'interessante conseguenza: la somma degli angoli interni di un triangolo è minore di 180°. Un'altra geometria non euclidea, associata al nome di Bernhard Riemann (perché rientrava come caso particolare nella sua trattazione dei fondamenti della geometria), può essere costruita postulando che per un punto esterno a una retta non passi alcuna parallela. In questo caso si dimostra che la somma degli angoli interni di un triangolo è maggiore di 180°.

Le geometrie non euclidee, concepite inizialmente come geometrie piane fondate su un nuovo postulato delle parallele, possono essere reinterpretate come geometrie di superfici bidimensionali curve, una volta che si ridefiniscano le rette, in senso più generale, come «geodetiche», cioè come linee di minima distanza sulla superficie. Su una superficie sferica, per esempio, le rette sono i cerchi massimi (linee illimitate, cioè senza bordo, ma finite) ed è evidente, in questo caso, che per un punto esterno a una retta non passa alcuna parallela a essa (per un punto esterno a un cerchio massimo, infatti, passano solo cerchi massimi che intersecano il primo). La geometria non euclidea della superficie sferica è, dunque, di tipo Riemann. Per avere un modello di geometria non euclidea di tipo Gauss-Bolyai-Lobačevskij, in cui per ogni punto esterno a una retta passano due, e dunque infinite, parallele, bisogna ricorrere a un oggetto più bizzarro, che non ammette immersione nell'usuale spazio tridimensionale, la pseudosfera, descritta per la prima volta da Eugenio Beltrami.

La non-euclidicità della sfera e della pseudosfera è direttamente legata alla curvatura di queste «varietà» (nella terminologia geometrica instaurata da Riemann). Per illustrare tale concetto, consideriamo la superficie di una sfera, che è uno spazio bidimensionale a curvatura costante positiva. Se il raggio della sfera è R, la sua curvatura vale $1/R^2$, il che significa che la superficie sferica è tanto più curva quanto più piccolo è il raggio. Tuttavia, questa definizione di curvatura fa riferimento a un parametro, R, che ha senso solo guardando la superficie sferica da uno spazio di dimensione superiore, lo spazio euclideo tridimensionale. Gauss aveva mostrato come fosse possibile superare questa difficoltà e definire la curvatura di uno spazio e tutte le sue proprietà geometriche in maniera intrinseca, senza uscire dallo spazio stesso (cioè immaginando di vivere, come gli abitanti di Flatlandia, confinati su questo spazio, e di non poter accedere ad altre dimensioni). Un modo per farlo è determinare la somma degli angoli interni di un triangolo, che in uno spazio curvo è formato da tre geodetiche che si intersecano. Un triangolo sferico, per esempio, ha come lati degli archi di cerchio massimo. Se i suoi angoli sono α, β, e γ, si trova che la somma $\alpha + \beta + \gamma$ supera 180°, cioè π radianti (fig. 2.11). La curvatura (che indichiamo con K) può essere definita come il rapporto tra l'eccesso angolare e l'area A del triangolo sferico, cioè $K = (\alpha + \beta + \gamma - \pi)/A$. In questa formula compaiono solo quantità definite sulla superficie sferica (se immergessimo tale superficie nelle tre dimensioni, scopriremmo che K vale proprio $1/R^2$). La for-

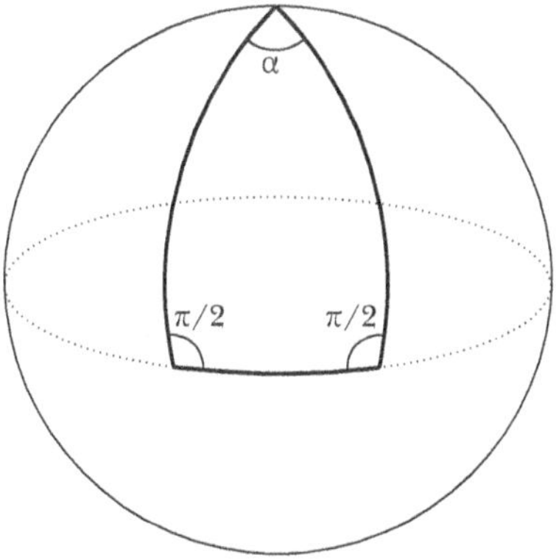

Fig. 2.11. Sulla superficie terrestre un triangolo sferico è formato da due archi di meridiano e da un arco di equatore. La somma degli angoli interni di questo triangolo è maggiore di π radianti.

mula della curvatura per la pseudosfera è analoga, ma poiché la somma degli angoli interni è minore di π radianti, K risulta negativa.

Le curvature della sfera e della pseudosfera sono entrambe costanti, cioè sono le stesse in tutti i punti. In generale, però, la curvatura di uno spazio può variare da un punto all'altro. Per definirla bisogna allora far ricorso alla metrica, che determina la distanza tra due punti di uno spazio qualsiasi. Rimaniamo, per semplicità, nell'ambito degli spazi bidimensionali. Nel piano (lo spazio euclideo bidimensionale) la distanza Δs tra due punti separati di Δx nella direzione x e di Δy nella direzione y si ottiene col teorema di Pitagora (è l'ipotenusa di un triangolo rettangolo che ha Δx e Δy come cateti): $\Delta s^2 = \Delta x^2 + \Delta y^2$. Nello spazio-tempo di Minkowski, che è anch'esso piatto (cioè a curvatura nulla), la distanza tra due punti-eventi, come abbiamo visto, è del tipo $\Delta s^2 = \Delta y^2 - \Delta x^2$ (dove, ricordiamo, y è la coordinata temporale). In entrambi i casi, davanti a Δx^2 e Δy^2 ci sono dei numeri: (1, 1) nello spazio euclideo, (−1,1) nello spazio di Minkowski. In uno spazio curvo, invece, nell'espressione della distanza compaiono, davanti a Δx^2 e Δy^2, due funzioni di x e y, e ci può anche essere un termine misto $\Delta x\,\Delta y$, cioè:

$$\Delta s^2 = g_{11}(x,y)\Delta x^2 + g_{12}(x,y)\Delta x\,\Delta y + g_{22}(x,y)\Delta y^2.$$

Le tre funzioni g_{ij}, che costituiscono la metrica, contengono tutte le informazioni sulla geometria e sulla curvatura dello spazio in questione. In un'opera fondamentale del 1827, le *Disquisitiones generales circa superficies curvas*, Gauss derivò una formula che permette di calcolare, per un qualunque spazio bidimensionale, la sua curvatura K a partire dalle g_{ij}, un risultato talmente importante da meritare il nome di *theorema egregium* (questo teorema stabilisce, in particolare, l'invarianza della curvatura per trasformazioni che lasciano immutata la distanza).

In uno spazio di dimensione superiore a due, le cose si complicano, perché la curvatura non è più espressa da una singola quantità (quella che abbiamo chiamato K). Il problema di estendere i risultati di Gauss agli spazi n-dimensionali fu risolto da Riemann. In particolare, nello spazio-tempo quadridimensionale, la metrica consiste in un insieme di 10 funzioni, chiamate $g_{\mu\nu}$, e la curvatura è espressa da un tensore, il tensore di Riemann, che ha 20 componenti. La grande scoperta di Einstein, nella sua teoria della relatività generale del 1915, fu che queste quantità geometriche hanno un profondo significato fisico: lo spazio-tempo, descritto dalle $g_{\mu\nu}$, è un campo dinamico, il campo gravitazionale. La gravità si manifesta come curvatura: una massa o una concentrazione di energia incurvano lo spazio-tempo come se fosse un tappeto elastico, e su questo tappeto la materia e la luce si muovono seguendo le geodetiche, che non sono linee rette (la più importante conferma della relatività generale venne dall'osservazione, nel 1919, dell'incurvamento dei raggi luminosi in prossimità del Sole).

Lo spazio-tempo, con la costellazione di masse che lo popolano (da quelle più piccole, come un tavolo o un'auto, che lo incurvano pochissimo, a quelle più grandi, come un pianeta o una stella, che lo incurvano di più, fino a quelle incredibilmente concentrate, come un buco nero, che lo incurvano in modo estremo) è increspato e contorto, in una maniera straordinariamente complicata. Ma su grande scala – centinaia di milioni di anni luce – tutte le deformazioni locali diventano irrilevanti, e l'universo appare in media omogeneo e isotropo, cioè uguale dappertutto e in tutte le direzioni. Stando così le cose, la sua curvatura globale è costante e può essere solo positiva (come quella della sfera), negativa (come quella della pseudosfera) o nulla (come quella del piano). Qual è l'opzione scelta dalla natura?

La forma e l'evoluzione dell'universo dipendono dal suo contenuto di materia ed energia, e in particolare dal rapporto Ω tra la sua densità media e una certa densità critica. Si hanno tre possibilità. Se Ω è maggiore di 1, l'universo ha curvatura positiva ed è chiuso: in questo caso l'attrazione gravitazionale è così intensa da rallentare e poi arrestare la sua espansione, e lo farà contrarre in una singolarità finale, il cosiddetto *Big Crunch*. Se Ω è minore di 1, l'universo ha curvatura negativa ed è aperto: la sua espansione proseguirà indefinitamente. Se Ω è esattamente uguale a 1, l'universo è piatto e aperto: anche in questo caso la sua espansione proseguirà.

La misura della densità dell'universo riserva alcune sorprese. Lo studio dei moti galattici rivela che la maggior parte della materia nell'universo è invisibile, cioè non emette alcun tipo di radiazione elettromagnetica. Questa materia, che sfugge ai nostri strumenti di osservazione, è detta «materia oscura», e non se ne conosce la composizione. Le stime attuali indicano che la materia oscura è da cinque a sei volte più abbondante della materia ordinaria.

Ma la materia, tra ordinaria e oscura, rappresenta a sua volta solo una frazione del contenuto di massa-energia dell'universo. Attorno al 1998 gli astronomi hanno scoperto che le galassie molto lontane recedono più lentamente, il che significa che nel passato l'espansione dell'universo era meno veloce di quella attuale. In altri termini, l'espansione dell'universo sta accelerando. La spiegazione comunemente accettata chiama in causa una forma di energia invisibile che produrrebbe degli effetti antigravitazionali, cioè una repulsione universale. La natura di questa «energia oscura» è ancora misteriosa; ma le osservazioni mostrano che essa rappresenta più di due terzi del contenuto dell'universo.

Se si sommano tutti i contributi misurati di massa e di energia alla densità dell'universo, si trova che questa è uguale alla densità critica: il parametro Ω vale 1,00, con un'incertezza dell'1%. L'universo, dunque, sembra essere piatto. Il fatto sorprendente è che questo è un caso limite: se la densità di massa-energia fosse appena più grande di quella stimata, l'universo sarebbe destinato a collassare su se stesso. Misure più precise di Ω ci diranno in quale geometria viviamo, e quale futuro ci aspetta.

III
Le equazioni della natura

Dove il Calcolo commette quello che per il dottor Faust era un crimine imperdonabile – fermare l'attimo fuggente –, e forzando così l'intuizione comune diventa il principale generatore delle equazioni della natura.

Leggere nel libro della natura

La filosofia è scritta in questo grandissimo libro che continuamente ci sta aperto innanzi a gli occhi (io dico l'universo), ma non si può intendere se prima non s'impara a intender la lingua, e conoscer i caratteri, ne' quali è scritto. Egli è scritto in lingua matematica, e i caratteri son triangoli, cerchi ed altre figure geometriche, senza i quali mezi è impossibile a intenderne umanamente parola; senza questi è un aggirarsi vanamente per un oscuro laberinto.

Alla filosofia naturale del Sarsi (pseudonimo dell'astronomo gesuita Orazio Grassi) e degli scolastici come lui, che si appellano alle «opinioni di qualche celebre autore» o a quei libri «ne' quali la meno importante cosa è che quello che vi è scritto sia vero», Galileo contrappone, nel celebre passo del *Saggiatore* (1623) che abbiamo sopra riportato, l'immagine del «libro dell'universo», l'unico su cui possa e debba fondarsi la conoscenza scientifica.

La metafora del libro è già presente in molti autori medievali; ma, come ha fatto notare il filosofo Hans Blumenberg, che alla «leggibilità del mondo» ha dedicato un famoso saggio, nel Medioevo l'accento era posto esclusivamente sull'autore del libro, Dio, e sulla sua grandezza. Con Galileo, invece, gli aspetti fondamentali del «libro dell'universo» diventano il suo contenuto e la lingua in cui è scritto. Il matematico toscano tornerà sull'argomento un anno prima della morte, in una lettera del gennaio 1641 all'amico Fortunio Liceti, in cui ribadirà che, essendo il libro della natura «scritto in caratteri diversi da quelli del nostro alfabeto, non può esser da tutti letto: e sono i caratteri di tal libro triangoli, quadrati, cerchi, sfere, coni, piramidi et altre figure matematiche, attissime per tal lettura».

Il fatto che tra i caratteri matematici del libro del mondo Galileo annoveri solo figure geometriche (e delle più elementari) non ci deve stupire. La matematica di Galileo è essenzialmente la teoria delle proporzioni, che è rappresentabile in forma geometrica. In una proporzione, $a/b = c/d$ (a sta a b come c sta a d), si possono associare due delle quantità, per esempio a e c, ai lati di una figura (in genere, un triangolo), e le altre due quantità, b e d, ai lati corrispondenti di una figura simile.

Ciò che manca in Galileo – ed è questo che gli impedisce di usare l'algebra – è l'idea che una grandezza fisica possa essere definita come il rapporto (o come il prodotto) di due grandezze non omogenee; per esempio, che la velocità sia il rapporto tra uno spostamento e un tempo. Nella fisica galileiana una grandezza è riferita sempre a un'altra grandezza dello stesso tipo, e messa in relazione con grandezze di tipo diverso mediante proporzioni. Per esempio, il moto uniforme è definito come il moto in cui gli spazi percorsi stanno tra loro nello stesso rapporto dei tempi di percorrenza: $s_1/s_2 = t_1/t_2$. Oggi scriveremmo più semplicemente la relazione algebrica $s = vt$, o $v = s/t$, con la velocità v costante. Analogamente, il moto uniformemente accelerato – tipico della caduta libera –, la cui legge (attualizzata) è $v = at$, con a costante (l'accelerazione), è per Galileo il moto in cui le velocità v_1 e v_2 acquisite dal corpo nei tempi t_1 e t_2 stanno tra loro nello stesso rapporto dei tempi: $v_1/v_2 = t_1/t_2$.

Per vedere come funziona la matematica di Galileo, consideriamo una delle proposizioni dimostrate nel terzo libro dei *Discorsi*, quella che afferma che lo spazio percorso da un grave in caduta libera è uguale allo spazio percorso nello stesso tempo da un corpo che si muove di moto uniforme con velocità pari alla metà della velocità finale del grave. Si tratta di un passaggio cruciale per dimostrare la famosa legge oraria della caduta: gli spazi percorsi sono proporzionali ai quadrati dei tempi. Usando l'algebra, possiamo derivare questo risultato con poche semplici operazioni. Dopo un tempo t la velocità raggiunta dal grave è $v = at$, dove a, nel caso in questione, è l'accelerazione di gravità (che vale circa 9,8 metri al secondo quadrato). Dal momento che la velocità cresce linearmente con il tempo, la velocità media è data dalla somma della velocità finale (v) e della velocità iniziale (0) divisa per due, cioè $v/2$. Lo spazio percorso dal grave è uguale al prodotto della velocità media per il tempo: $s = ½\ vt$. Questo è proprio lo spazio che percorrerebbe nel tempo t un corpo in moto uniforme con velocità $v/2$, la metà di quella finale del grave. Sostituendo $v = at$ nella relazione $s = ½\ vt$, si ottiene la legge di un grave in caduta libera: $s = ½\ at^2$.

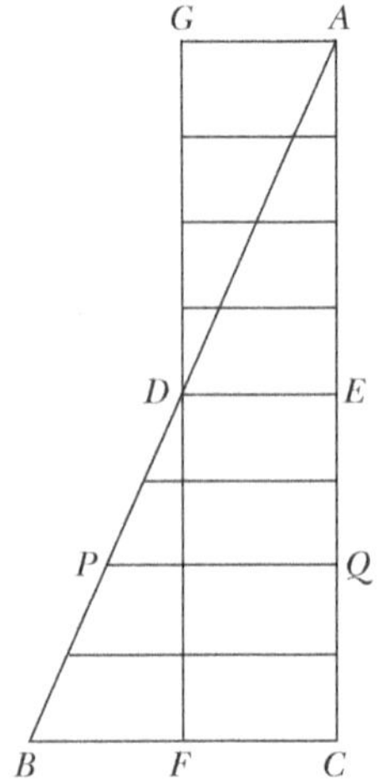

FIG. 3.1. Dai *Discorsi* di Galileo.

La dimostrazione di Galileo si basa sulla costruzione geometrica mostrata nella figura 3.1. Sul cateto *AC* del triangolo *ABC* si misura il tempo (a partire da *A*). La base *BC* rappresenta la velocità finale del corpo, mentre le parallele a *BC* tra l'ipotenusa *AB* e il cateto *AC* sono le velocità negli istanti di tempo compresi tra *A* e *C*. Dal momento che il moto è uniformemente accelerato, queste velocità crescono linearmente al passare del tempo: per esempio, la velocità *PQ* sta alla velocità *BC* come il tempo *AQ* sta al tempo *AC* (una proporzione che è conseguenza della similitudine dei triangoli *APQ* e *ABC*). Galileo intuisce – ma non dimostra – che lo spazio percorso dal grave nel tempo *AC* è dato dall'area del triangolo *ABC*. Ora, se si segna il punto di mezzo *D* tra *A* e *B*, il segmento *DE* = *FC* rappresenta la metà della velocità finale *BC*, e il moto uniforme di un corpo che si muovesse con questa velocità tra il tempo *A* e il tempo *C* sarebbe rappresentato dal rettangolo *GFCA*. L'area di questo rettangolo, che è lo spazio percorso dal corpo in moto uniforme, è uguale a quella del triangolo *ABC* (dal momento che i triangoli *DBF* e *DAG* sono uguali), ed è così mostrato che gli spazi percorsi nei due moti (uniformemente accelerato e uniforme con velocità pari alla metà della velocità finale del grave) sono uguali.

Il punto debole di questa ingegnosa «dimostrazione» sta nell'identificazione delle aree con gli spazi, che è corretta ma non giustificata in modo

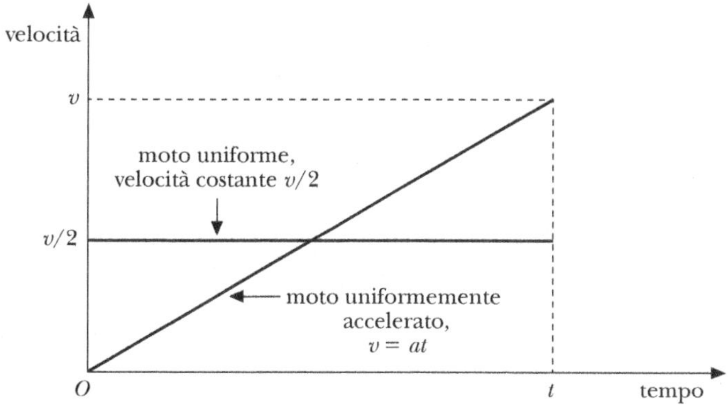

FIG. 3.2. Diagramma velocità-tempo per un moto uniforme e per un moto uniformemente accelerato.

rigoroso. La rappresentazione attuale di un moto uniforme e di un moto uniformemente accelerato è simile a quella galileiana. Se in un diagramma cartesiano (fig. 3.2) riportiamo la velocità sull'asse delle ordinate e il tempo sull'asse delle ascisse, il moto uniformemente accelerato di un grave è rappresentato da una retta inclinata, di equazione $v = at$, con velocità iniziale 0 e velocità finale v (al tempo t), mentre un moto uniforme è rappresentato da una retta orizzontale, che taglia a metà quella inclinata, se la velocità è $v/2$. Gli spazi percorsi sono, in effetti, le aree delle regioni comprese tra queste rette e l'asse delle ascisse, e ciò può essere dimostrato in via del tutto generale, per qualunque moto (anche non rappresentabile da una retta nel diagramma velocità-tempo).

Con la matematica di cui disponeva, Galileo riuscì comunque a fondare la scienza del moto e a ottenere risultati di grande importanza. Ma non poté andare oltre; il problema non era tanto la difficoltà di compiere operazioni con grandezze disomogenee (abbiamo visto che con le proporzioni e la geometria il fisico toscano se la cavava egregiamente), quanto l'impossibilità di definire in modo coerente un concetto fondamentale della scienza del moto, quello di velocità istantanea – la velocità di un corpo istante per istante. Questo deficit sarà superato, pochi decenni dopo, da una nuova potentissima tecnica matematica.

Il linguaggio del cambiamento

Sebbene qualcuno abbia visto nel cambiamento un fatto illusorio, negarne la realtà significa precludersi la possibilità di comprendere il mondo. Non basta, infatti, descrivere le cose così come sono in un determinato momento; bisogna capire in che modo variano nel tempo.

Ci sono grandi cambiamenti – l'espansione dell'universo, la deriva dei continenti, l'evoluzione delle specie – e piccoli cambiamenti – l'oscillazione di un pendolo, la crescita di una pianta, l'escursione diurna della temperatura. Si danno anche innumerevoli microcambiamenti che avvengono senza che ce ne accorgiamo – nelle cellule, negli atomi, nei nuclei. Per secoli i «filosofi della natura» (come si chiamavano gli uomini di scienza ai tempi di Galileo) non hanno avuto a disposizione uno strumento matematico adatto a descrivere il cambiamento – cioè le variazioni temporali e spaziali delle grandezze; poi, nella seconda metà del Seicento, lo hanno inventato. È il calcolo differenziale e integrale (quello che gli anglosassoni chiamano *Calculus*, per antonomasia), sviluppato contemporaneamente da due giganti del pensiero, Isaac Newton e Gottfried Wilhelm Leibniz, che si disputarono aspramente la priorità della scoperta (Newton ritardò la pubblicazione dei suoi scritti, che comparvero solo all'inizio del Settecento; mentre i lavori di Leibniz sull'argomento erano stati pubblicati già a partire dal 1684).

«È soltanto perché qui o là abbiamo sbadatamente saltato un gradino lungo la nostra strada verso il calcolo differenziale, che quest'ultimo non risulta altrettanto semplice di un sonetto», scriveva Edgar Allan Poe in *Eureka* (1848). Il calcolo differenziale, in effetti, ha fama di grande astrusità, ma le sue nozioni di base non sono difficili da capire. Consideriamo il cambiamento più semplice che si possa immaginare, il primo che sia stato studiato quantitativamente: il moto. Un corpo in movimento cambia la propria posizione nel tempo: si trova all'inizio (all'istante t_1) in un certo punto s_1 dello spazio, e alla fine (all'istante t_2) in un altro punto s_2. La velocità media è definita come il rapporto tra la distanza percorsa $\Delta s = s_2 - s_1$ (la lettera greca Δ indica comunemente un intervallo o una variazione; in questo caso, Δs è lo spostamento da s_1 a s_2) e il tempo impiegato $\Delta t = t_2 - t_1$,

$$v_m = \frac{\Delta s}{\Delta t}.$$

Ma la grandezza che meglio descrive il moto del corpo non è la velocità media, bensì la velocità *istantanea*, che, salvo il caso abbastanza eccezionale di un moto uniforme, varia. Qui emerge la vera difficoltà. Un istante, infatti, è un intervallo di tempo nullo, $\Delta t = 0$, e in questo intervallo, il mobile percorre una distanza nulla, $\Delta s = 0$. Dunque, se volessimo calcolare la velocità istantanea come rapporto tra spostamento e tempo, dovremmo dividere 0 per 0. Su questo scoglio («il più temibile di tutti gli enigmi del calcolo differenziale», come ebbe a scrivere nel suo *The Philosophy of Mathematics*, del 1867, il reverendo – nonché matematico e avvocato – Albert T. Bledsoe, noto soprattutto per aver appassionatamente difeso dall'accusa di tradimento lo sconfitto presidente della Confederazione sudista, Jefferson Davis), la scienza del moto – e, più in generale, del cambiamento – è rimasta a lungo arenata.

Il Calcolo permette di superare l'ostacolo. Consideriamo due istanti di tempo t e $t + \Delta t$, separati dall'intervallo Δt. La distanza Δs percorsa dal corpo in questo intervallo di tempo è data dalla differenza $s(t + \Delta t) - s(t)$ tra la posizione del corpo all'istante $t + \Delta t$ e la sua posizione all'istante t. Il rapporto tra gli incrementi di s e di t,

$$\frac{\Delta s}{\Delta t} = \frac{s(t + \Delta t) - s(t)}{\Delta t}$$

è la velocità media nell'intervallo Δt. Facciamo ora tendere Δt a zero, cioè consideriamo intervalli sempre più piccoli di tempo – un'operazione chiamata «passaggio al limite». Nel limite $\Delta t \to 0$, il rapporto incrementale tende a un valore che è il tasso di variazione della posizione s del corpo nell'istante t, cioè la velocità istantanea v del corpo in t:

$$v = \lim_{\Delta t \to 0} \frac{\Delta s}{\Delta t} = \lim_{\Delta t \to 0} \frac{s(t + \Delta t) - s(t)}{\Delta t}.$$

Questa quantità è la «derivata» della funzione $s(t)$. La si scrive, nella notazione introdotta da Leibniz,

$$v = \frac{ds}{dt}$$

dove ds e dt sono variazioni «infinitesime» di s e t. Nonostante le apparenze, ds/dt non è il rapporto tra ds e dt, ma il limite di un rapporto, quello tra Δs e Δt (anche se, almeno sotto certe condizioni, a trattare ds/dt come un rapporto non si sbaglia).

Il concetto di infinitesimo è, evidentemente, piuttosto delicato e non privo di ambiguità. Non sorprende, quindi, che sia stato oggetto di varie critiche, a volte molto dure, come quella del filosofo irlandese George Berkeley, il quale pubblicò nel 1734 un libro, *L'Analista, ovvero Discorso rivolto a un matematico infedele,* per dimostrare che i princìpi e gli argomenti del calcolo infinitesimale non erano «concepiti più distintamente, o dedotti più evidentemente, dei misteri religiosi e degli articoli di fede». Anche l'idea di limite, dovuta sostanzialmente a Newton, sebbene più robusta di quella di infinitesimo, rimase a lungo mal definita, e fu resa rigorosa solo nell'Ottocento dal matematico francese Augustin-Louis Cauchy. Il Calcolo – o analisi matematica, come viene anche chiamato – mancò, dunque, di una base solida per un secolo e mezzo; ciò nonostante fu ampiamente sviluppato e applicato alla meccanica terrestre e celeste, divenendo nelle mani di grandi fisici matematici come Eulero, Lagrange e Laplace, un formidabile strumento di scoperta.

Poiché la velocità è, essa pure, una funzione del tempo, $v(t)$, possiamo definire la sua derivata, cioè il tasso di variazione della velocità nel tempo, che non è altro che l'accelerazione istantanea a del mobile. Dal momento che l'accelerazione è la derivata della velocità, e questa è la derivata della posizione, l'accelerazione è la derivata seconda (cioè il tasso di variazione del tasso di variazione) della posizione:

$$a = \frac{d^2 s}{dt^2}.$$

L'accelerazione è una grandezza di cruciale importanza in fisica, perché, come ci ha insegnato Newton, la forza che agisce su un corpo, e che determina il suo moto, è proporzionale all'accelerazione del corpo, non alla sua velocità. In assenza di forze, quindi, l'accelerazione è nulla, e la velocità, di cui l'accelerazione è la derivata, è costante. Questo è il contenuto della legge di inerzia: un corpo non soggetto a forze è in quiete o si muove di moto uniforme.

La nozione di derivata può applicarsi a qualunque grandezza fisica in mutamento (non solo a quelle tipiche del moto). Alcune grandezze, come i campi (il campo gravitazionale, il campo elettrico, il campo magnetico, ecc.), sono descritte da funzioni che dipendono, oltre che dal tempo t, dalle coordinate x, y, z del punto dello spazio in cui il campo è definito. In questo caso, assieme al tasso istantaneo di variazione (la derivata temporale), è necessario conoscere anche i tassi di variazione del campo punto per punto nelle tre direzioni, cioè le derivate spaziali rispetto a x, y, z.

Sommare gli infinitesimi

Calcolare le derivate è abbastanza facile (con un po' di pratica). Ma nella maggior parte dei casi il problema che bisogna risolvere è quello inverso: data la derivata di una funzione, calcolare la funzione. Come abbiamo visto, è il problema cui si era trovato di fronte Galileo, quando, a partire dall'espressione della velocità del moto uniformemente accelerato, aveva dovuto ottenere lo spazio percorso in funzione del tempo: nel linguaggio attuale, da $v = at$, aveva dovuto ricavare $s = ½\, at^2$, di cui v è la derivata. Si ricorderà che la soluzione di Galileo consisteva nel calcolo di un'area. In effetti, l'operazione inversa alla derivazione – chiamata integrazione – si riduce proprio a questo: a calcolare delle aree.

Per illustrare il punto, torniamo alla definizione di velocità. Nel caso in cui v sia costante, la velocità istantanea coincide con la velocità media, e possiamo scrivere $v = (s_2 - s_1)/(t_2 - t_1)$. Invertendo questa uguaglianza si ottiene lo spazio percorso: $s_2 - s_1 = v(t_2 - t_1)$. In un grafico cartesiano con il tempo in ascisse e la velocità in ordinate, una velocità costante è rappresentata da una retta orizzontale, e lo spazio percorso è dato dall'area del rettangolo che ha per base $t_2 - t_1$ e per altezza v. Supponiamo ora che la velocità sia variabile: invece che da una retta orizzontale, sarà rappresentata da una curva generica. Lo spazio $s_2 - s_1$ percorso in un tempo $t_2 - t_1$ è ancora dato dall'area della regione compresa tra questa curva e il segmento sull'asse delle ascisse compreso fra t_1 e t_2; ma non lo si può calcolare con un semplice prodotto $v(t_2 - t_1)$, perché per ogni t fra t_1 e t_2 abbiamo in genere un valore di v diverso. Il trucco per determinare quest'area consiste nel suddividere l'intervallo $t_2 - t_1$ in tanti piccoli segmenti Δt, in corrispondenza di ognuno dei quali la velocità v_i (dove $i = 1, 2, 3, \ldots$) è approssimativamente costante (fig. 3.3). Ogni seg-

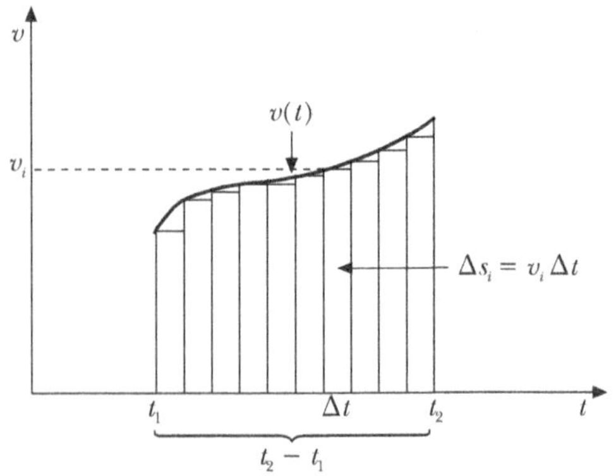

FIG. 3.3. Spazio percorso come area della regione sottostante la curva che rappresenta $v(t)$.

mento è la base di un rettangolo di altezza v_i, la cui area è $\Delta s_i = v_i \, \Delta t$. La somma delle aree di questi rettangoli approssima l'area della regione sottostante la curva (che è lo spazio percorso $s_2 - s_1$) tanto più accuratamente quanto più piccoli sono i segmenti Δt. L'area $s_2 - s_1$ si otterrà quindi facendo tendere a zero Δt, cioè effettuando un passaggio al limite:

$$s_2 - s_1 = \lim_{\Delta t \to 0} (v_1 \Delta t + v_2 \Delta t + v_3 \Delta t + \ldots).$$

Questa quantità è chiamata integrale della funzione $v(t)$ tra t_1 e t_2, e la si indica con un segno, introdotto da Leibniz, che ricorda una «S» allungata (da *summa*):

$$s_2 - s_1 = \int_{t_1}^{t_2} v(t) \, dt.$$

Ragionando in termini di infinitesimi (senza troppe preoccupazioni di rigore), possiamo dire che l'integrale è una somma di (infinite) aree infinitesime $ds = v\,dt$. Si noterà che questa relazione si può ottenere invertendo la derivata $v = ds/dt$. È in questo senso che l'integrazione è l'inverso della derivazione.

Le leggi fondamentali della natura, quelle che governano la dinamica dei sistemi e lo svolgersi dei fenomeni, hanno la forma di equazioni differenziali, cioè di equazioni contenenti le derivate (prime e seconde) di una funzione incognita, che rappresenta fisicamente la grandezza di stato del sistema. Mentre la soluzione di un'equazione algebrica $ax + b = 0$ è un numero, la soluzione di un'equazione differenziale $df/dt = g(t)$ è una funzione. Per esempio, l'equazione di Newton della meccanica, $F = ma$, che possiamo scrivere anche come $a = F/m$, ci dice che l'accelerazione di un corpo – la derivata seconda della posizione – è uguale alla forza agente sul corpo divisa per la massa, ed è quindi un'equazione differenziale:

$$\frac{d^2 s}{dt^2} = \frac{F}{m}.$$

Risolvere tale equazione significa determinare $s(t)$, ovvero la posizione del corpo istante per istante, conoscendo la costante m e la funzione F. Per fare ciò occorre effettuare due integrazioni: la prima fa passare dall'accelerazione (derivata seconda) alla velocità (derivata prima), la seconda fa passare dalla velocità alla posizione (funzione primitiva).

Le equazioni di Maxwell dell'elettromagnetismo, le equazioni di Einstein della relatività generale, l'equazione di Schrödinger della meccanica quantistica non relativistica, l'equazione di Dirac della meccanica quantistica relativistica, ecc., sono tutte equazioni differenziali, contenenti le derivate rispetto al tempo e alle coordinate spaziali di funzioni che descrivono lo stato dei sistemi (i campi elettrico e magnetico, la metrica dello spazio-tempo, le funzioni d'onda).

Dobbiamo ora sottolineare un fatto importantissimo. Per risolvere un'equazione differenziale è necessario conoscere le *condizioni iniziali*, cioè lo stato del sistema in un determinato istante $t = 0$: solo così si ottiene una soluzione determinata ed è possibile calcolare lo stato del sistema in un qualunque istante successivo. L'equazione del moto di un corpo che viene lanciato in aria, per esempio, ha soluzioni diverse (cioè traiettorie diverse) a seconda della posizione e della velocità del corpo nell'istante iniziale. La varietà delle orbite planetarie, che sono tutte soluzioni della stessa equazione del moto, è dovuta alle differenti condizioni iniziali verificatesi al momento della formazione del Sistema solare. Se un'equazione differenziale contiene le derivate seconde di una funzione dipendente dal tempo, le condizioni iniziali consistono nella specificazione dei valori di quella funzione e della sua derivata prima in un istante assegnato.

Per prevedere il futuro, dunque, abbiamo bisogno sia delle leggi di natura (e delle equazioni associate) sia delle condizioni iniziali. Ma questi due ingredienti sono molto diversi: mentre le leggi di natura sono regolari, le condizioni iniziali sono aleatorie. Di fatto, chiamiamo «leggi» le regolarità della natura e «condizioni iniziali» tutto il resto. Come sottolineava Eugene Wigner, il segreto del successo della fisica risiede in questa separazione, e in una conseguente restrizione degli obiettivi: lo scopo del fisico è quello di scoprire le leggi di natura, non di dar conto delle condizioni iniziali, le quali anzi devono essere «sottratte» dai fenomeni per portare alla luce le regolarità matematiche soggiacenti.

Vicino all'equilibrio

Il movimento di un pendolo, le vibrazioni degli atomi in un cristallo, gli spostamenti delle molecole d'aria in un'onda sonora, a dispetto della loro eterogeneità, hanno in comune la stessa legge matematica – una delle più diffuse in natura: la legge dell'oscillatore armonico.

Se un corpo viene spostato di poco da una posizione di equilibrio stabile, tende a tornarvi, e comincia a oscillare, cioè a muoversi avanti e indietro, attorno al punto di equilibrio. In una situazione ideale, in cui non vi sia dissipazione di energia, queste oscillazioni proseguono indefinitamente. La legge che le governa fu scoperta nella seconda metà del Seicento da Robert Hooke, che stava studiando, per motivi pratici (la realizzazione di nuovi orologi più precisi), il comportamento elastico delle molle. Una pallina attaccata a una molla oscilla per effetto di una forza, che Hooke espresse con una formula verbale, *ut tensio sic vis*: la forza (*vis*) che la molla esercita sulla pallina è proporzionale (*ut... sic...*) alla deformazione (*tensio*) della molla. Se la molla è nella posizione di equilibrio, la pallina non avverte alcuna forza e rimane ferma; quando la molla viene allungata o compressa di una lunghezza s, sul corpo agisce una forza di richiamo (tendente cioè a riportare la molla nella posizione di equilibrio) proporzionale a s. In forma matematica la legge di Hooke è, dunque, $F = -ks$, dove k è una costante di proporzionalità (la costante elastica della molla) e il segno meno indica che la forza è diretta in senso opposto rispetto allo spostamento dall'equilibrio (quando la molla è compressa, la forza elastica tende a dilatarla; quando la molla è dilatata, la forza tende a comprimerla).

Un corpo che oscilla attorno a una posizione di equilibrio obbedendo alla legge di Hooke prende il nome di oscillatore armonico. Il moto del corpo è periodico, cioè si ripete identicamente dopo un intervallo di tempo fissato T (periodo). Il reciproco del periodo è la frequenza $f = 1/T$, cioè il numero di oscillazioni nell'unità di tempo: dire che il periodo di un oscillatore è di 0,2 secondi equivale a dire che esso ha una frequenza di (1/0,2) = 5 oscillazioni al secondo.

Se inseriamo la legge di forza di Hooke $F = -ks$ nell'equazione del moto di Newton otteniamo un'equazione differenziale, che stabilisce che l'accelerazione, ovvero la derivata seconda di s, è proporzionale, con un coefficiente negativo, allo spostamento s dalla posizione di equilibrio:

$$\frac{d^2 s}{dt^2} = -\frac{k}{m}\, s\,.$$

Le funzioni $s(t)$ che soddisfano questa equazione sono le funzioni trigonometriche seno e coseno. In particolare, se al tempo $t = 0$ il corpo si trova nella posizione di equilibrio $s = 0$ (questa è la condizione iniziale del moto), il suo spostamento $s(t)$ sarà dato, istante per istante, dalla funzione $s(t) = A \operatorname{sen}(2\pi t/T)$, che possiamo riscrivere come

$$s(t) = A \operatorname{sen}(\omega t)$$

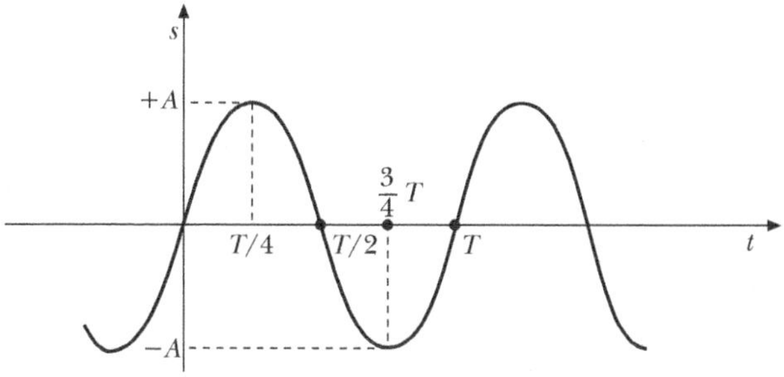

FIG. 3.4. La funzione $s(t) = A\,\mathrm{sen}(2\pi t/T)$ che descrive lo spostamento di un oscillatore armonico della posizione di equilibrio.

dove $\omega = 2\pi/T = 2\pi f$ è la frequenza angolare, e l'ampiezza A è la massima distanza dal punto di equilibrio che il corpo può raggiungere (fig. 3.4).

L'importanza dell'oscillatore armonico consiste nel fatto che esso rappresenta un modello fisico-matematico per la descrizione di tutti i sistemi in equilibrio stabile che vengono leggermente perturbati e compiono piccole oscillazioni attorno alla configurazione di equilibrio. Ma c'è anche un altro motivo per cui l'oscillatore armonico svolge un ruolo cruciale nella descrizione della natura. All'inizio dell'Ottocento, il fisico e matematico francese Joseph Fourier, lavorando sulla teoria della propagazione del calore, enunciò un teorema di grande generalità: una qualunque funzione periodica può essere espressa da una somma di seni e coseni (cioè di soluzioni dell'oscillatore armonico), con diverse ampiezze e con frequenze (le «armoniche») che sono multiple di una frequenza fondamentale. Per esempio, una funzione periodica a forma di dente di sega (fig. 3.5) è data da una serie di Fourier i cui primi termini sono:

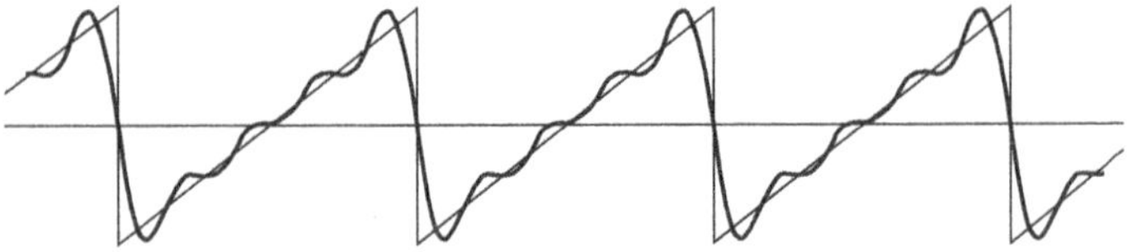

FIG. 3.5. Funzione periodica a dente di sega, approssimata con i primi quattro termini della serie di Fourier.

$$\mathrm{sen}(\omega t) - \frac{1}{2}\,\mathrm{sen}(2\omega t) + \frac{1}{3}\,\mathrm{sen}(3\omega t) - \frac{1}{4}\,\mathrm{sen}(4\omega t) + \ldots$$

Fare l'analisi di Fourier di una funzione significa determinare le ampiezze corrispondenti alle varie armoniche, il cui insieme, il cosiddetto spettro, caratterizza completamente quella funzione. Il timbro degli strumenti musicali, per esempio, è determinato dallo spettro di Fourier dei loro suoni, generati dalle oscillazioni di un corpo materiale (una corda, una colonna d'aria, ecc.). Quando un flauto o un violino producono una determinata nota, il loro suono è una funzione periodica che contiene non solo la frequenza fondamentale di quella nota (nel caso del la, 440 oscillazioni al secondo), ma anche un certo numero di armoniche, con determinate ampiezze. Il suono più complesso del violino è dovuto al gran numero di armoniche che lo compongono (qualche decina), a confronto con le poche armoniche del flauto, il cui suono è di conseguenza più elementare.

Gli oscillatori armonici si annidano in vari sistemi e fenomeni fisici. Ma oggi sappiamo che essi compongono anche la trama profonda della natura. Secondo la teoria quantistica dei campi, che combina meccanica quantistica e relatività speciale, materia e forze sono fatte di campi quantistici, e un campo quantistico è, in sostanza, un insieme di infiniti oscillatori armonici di diversa frequenza, con livelli di energia quantizzati. Quando tutti gli oscillatori di un campo quantistico – per esempio, del campo dell'elettrone – sono nel livello fondamentale (il livello più basso di energia), non esiste alcuna particella: è la condizione di vuoto. Se un oscillatore si trova nel primo livello di energia sopra quello fondamentale, compare un elettrone; se si trova nel secondo livello, compaiono due elettroni, e così via. Lo stesso succede al campo quantistico elettromagnetico, le cui particelle sono i fotoni, i quanti di luce. Tutto ciò che ci circonda, insomma, è fatto di oscillatori armonici – di quei seni e coseni su cui tanto abbiamo tribolato a scuola.

Crescite e decrescite

A un passo dall'Empireo, Dante ammira le ruote angeliche che circondano Dio, un punto luminosissimo. Gli angeli si manifestano come faville, e il loro numero è così grande che il poeta deve ricorrere a un'invenzione linguistica e a una leggenda per poterne dare un'idea:

> L'incendio suo seguiva ogne scintilla;
> ed eran tante, che 'l numero loro
> più che 'l doppiar de li scacchi s'inmilla.

Il riferimento della *Commedia* (Paradiso, XXVIII, 91-93) è alla storia dell'inventore degli scacchi, il quale chiese al proprio sovrano, come ricompensa, dei chicchi di grano: uno sulla prima casella della scacchiera, due sulla seconda, quattro sulla terza, otto sulla quarta, e così via fino all'ultima casella (la sessantaquattresima). La richiesta sembrava modesta, ma era di fatto impossibile da soddisfare: la quantità di grano necessaria sarebbe stata superiore a quella raccolta in tutta la storia dell'umanità!

La progressione dei chicchi sulle caselle della scacchiera è

$$1, 2, 4, 8, 16, 32, 64, 128, 256, \ldots$$

e può essere più comodamente espressa mediante le potenze di 2, dalla zeresima ($2^0 = 1$) alla sessantatreesima:

$$2^0, 2^1, 2^2, 2^3, 2^4, 2^5, \ldots, 2^{62}, 2^{63}.$$

Ognuno di questi numeri è uguale a quello precedente moltiplicato per 2. Per curiosità, l'ultimo numero della sequenza, scritto esplicitamente, è 9.223.372.036.854.775.808.

Una progressione analoga a quella dei chicchi è la seguente. Prendete un foglio di carta e piegatelo a metà, in modo da avere due strati sovrapposti. Piegatelo una seconda volta: gli strati diventano quattro. Piegatelo ancora – otto strati – e continuate così. Forse vi sorprenderà sapere che piegando il foglio 42 volte (cosa che ovviamente non sarete in grado di fare), il numero di strati sarà di circa 4 miliardi e la colonna di carta, immaginando che il foglio sia spesso un decimo di millimetro, supererà la distanza Terra-Luna.

Nei versi che abbiamo citato Dante immagina che il numero delle scintille che rappresentano gli angeli cresca non di due in due, come i chicchi di grano sulla scacchiera o gli strati del foglio ripiegato, ma di mille in mille. «S'inmilla» è il verbo che conia per indicare questa particolare progressione:

$$1000^0,\ 1000^1,\ 1000^2,\ 1000^3,\ 1000^4,\ 1000^5,\ 1000^6,\ \ldots$$

La crescita è vertiginosa. Dopo meno di trenta passi, si supera 10^{80}, il numero di particelle dell'universo, e non ci vuole molto a raggiungere 10^{100}, lo strabiliante numero (1 seguito da cento zeri) cui il matematico Edward Kasner diede, su suggerimento del figliolo, un nome destinato – con una piccola alterazione – a una grande fortuna: googol.

Com'è possibile che un singolo chicco di grano, casella dopo casella, generi nello spazio limitato di una scacchiera una quantità strabiliante, e che un foglio, dopo poche decine di piegature, si innalzi fino agli astri (per non parlare degli angeli del Paradiso, il cui numero non riusciamo neanche a immaginare)? La risposta sta in una legge matematica di crescita (e di decrescita) che descrive un'ampia gamma di fenomeni: la legge esponenziale.

Per derivare tale legge, indichiamo il numero dei chicchi con $N(n)$, dove n è la posizione nella sequenza, a partire da $n = 0$; quindi, $N(0) = 1$, $N(1) = 2$, $N(2) = 4$, $N(3) = 8$, $N(4) = 16$, e così via. Ciò che contraddistingue questa progressione è che ogni numero $N(n + 1)$ si ottiene da quello precedente $N(n)$ moltiplicandolo per una costante, o, equivalentemente, che, a ogni passo, gli incrementi $\Delta N = N(n + 1) - N(n)$ crescono proporzionalmente a $N(n)$. Una progressione di questo tipo è detta «geometrica». Per i chicchi sulla scacchiera si ha $N(n + 1) - N(n) = N(n)$, cioè ogni loro incremento è uguale al numero dei chicchi già presenti.

Più in generale, la legge degli incrementi in una progressione geometrica è

$$N(n + 1) - N(n) = k\, N(n)$$

dove k è una costante positiva.

Se l'inventore degli scacchi avesse chiesto al re non di moltiplicare i chicchi per un determinato fattore a ogni casella, ma di aggiungere una determinata quantità a ogni casella, per esempio 5, la loro sequenza sulla scacchiera sarebbe stata molto diversa:

$$1, 6, 11, 16, 21, 26, 31, \ldots, 316$$

e il sovrano se la sarebbe cavata con un sacchetto di grano. Questa progressione, in cui ogni numero si ottiene da quello precedente sommando la stessa costante, e gli incrementi sono pertanto sempre uguali, è detta «aritmetica». La legge in questo caso è

$$N(n + 1) - N(n) = k.$$

Il mondo del risparmio fornisce un'interessante illustrazione delle due forme di crescita. Se depositiamo una somma in banca a un interesse annuo fisso, la progressione dei nostri risparmi sarà geometrica. Se invece mettiamo la stessa somma sotto il materasso e vi aggiungiamo ogni anno lo stesso importo, la progressione sarà aritmetica, e decisamente più lenta.

Passiamo ora al limite continuo delle due leggi di crescita che abbiamo considerato. Se interpretiamo n e $n + 1$ come due istanti separati da un intervallo di tempo unitario, la legge di crescita delle progressioni geometriche ci dice che la variazione di N nell'unità di tempo è proporzionale al valore di N, cioè $\Delta N/\Delta t = kN$, con k positivo. Considerando variazioni infinitesime, cioè passando dal rapporto incrementale alla derivata, l'equazione diventa

$$\frac{dN}{dt} = kN\,.$$

La soluzione di questa equazione differenziale è la funzione esponenziale, in cui il numero di Eulero e = 2,718... è elevato a una potenza che cresce col tempo

$$N = N_0 e^{kt}.$$

Una progressione geometrica corrisponde, dunque, nel limite continuo, a una crescita esponenziale (fig. 3.6). Nella formula, N_0 è il valore della grandezza N al tempo $t = 0$; il tempo di raddoppiamento, cioè il tempo in cui N raddoppia, è dato da $0{,}7/k$ (dove 0,7 è il logaritmo in base e di 2). Un'altra semplice regola correla il tempo di raddoppiamento con il tasso percentuale di crescita di N: se N cresce dell'x percento in un dato periodo, il tempo di raddoppiamento è pari a $70/x$ volte quel periodo (per esempio, se N cresce del 2% al giorno, il tempo di raddoppiamento è di 35 giorni).

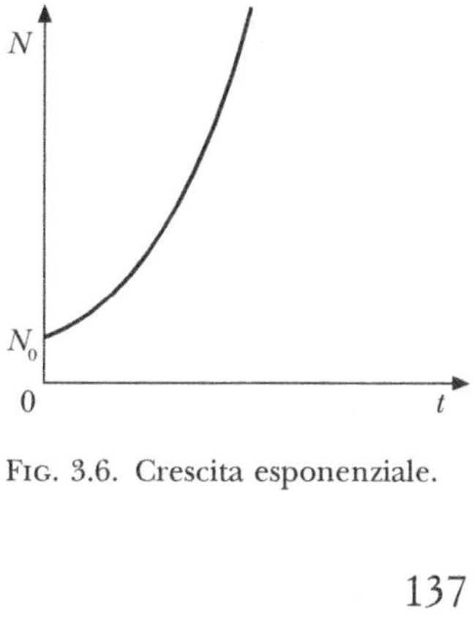

FIG. 3.6. Crescita esponenziale.

Una progressione aritmetica, invece, è caratterizzata da una variazione di N costante, cioè da $\Delta N/\Delta t = k$, che nel limite $\Delta t \to 0$ diventa:

$$\frac{dN}{dt} = k\,.$$

La soluzione di questa equazione è $N = N_0 + kt$. La crescita di N è in questo caso lineare (cioè proporzionale a t) ed è molto meno rapida di quella esponenziale.

Alla fine del Settecento l'economista inglese Thomas Robert Malthus notò che le popolazioni tendono a crescere in progressione geometrica, cioè secondo la legge esponenziale. La crescita è esattamente esponenziale se il tasso di riproduzione è costante. Nel caso della popolazione umana, tuttavia, questo tasso, che dipende dalla fecondità media e dalla mortalità, varia nel tempo. La popolazione mondiale era di circa 3,6 miliardi nel 1970, con un tasso di crescita annuo del 2% e un tempo di raddoppiamento di 35 anni. Il tasso di crescita è, però, gradualmente diminuito e attualmente, con una popolazione superiore ai 7 miliardi, è all'incirca dell'1% (se rimanesse costante, il tempo di raddoppiamento sarebbe di 70 anni). I batteri, e in generale i microrganismi, sono più semplici degli esseri umani, e se dispongono di un sufficiente terreno di coltura, crescono con una legge esattamente esponenziale.

Non sono soltanto le popolazioni ad aumentare esponenzialmente. Lo fa – o meglio lo ha fatto – anche l'universo. Secondo la teoria dell'inflazione, subito dopo il Big Bang, l'universo avrebbe subito, per un intervallo brevissimo di tempo (circa 10^{-36} secondi), un'espansione esponenziale (l'«inflazione»), nel corso della quale le sue dimensioni sarebbero aumentate di decine di ordini di grandezza.

Effettuiamo ora una piccola ma significativa modifica nell'equazione dell'esponenziale: cambiamo segno al tasso di crescita, facendolo diventare negativo,

$$\frac{dN}{dt} = -kN\,.$$

Nella soluzione, l'esponente cambierà segno e avremo un andamento del tipo

$$N = N_0 e^{-kt}$$

che rappresenta una decrescita esponenziale. In questo caso la quantità N diminuisce molto rapidamente, di una data frazione per unità di tempo. Il tempo di dimezzamento – il tempo in cui N si riduce alla metà – è costante ed è dato da $0{,}7/k$.

Tutti i sistemi fisici instabili – quelli che decadono o si disintegrano spontaneamente – seguono una legge di decrescita esponenziale, con un tempo di dimezzamento caratteristico. È secondo questa legge che decadono i nuclei radioattivi, emettendo particelle e trasformandosi in altri nuclei. Il radon 222, per esempio, è un gas radioattivo presente naturalmente in alcuni tipi di rocce e di terreni, che talvolta si accumula nelle fondamenta delle case. Col passare del tempo i nuclei di radon decadono emettendo particelle alfa. Il decadimento è un processo casuale e quindi non possiamo sapere esattamente quali nuclei decadono. Ma la legge secondo cui varia nel tempo il loro numero è di tipo esponenziale. Il tempo di dimezzamento del radon 222 è di circa 4 giorni. Ciò significa che in quattro giorni il numero di nuclei di radon si riduce alla metà, e in poche settimane diventa irrisorio.

Modelli del reale

Le due leggi matematiche che abbiamo incontrato nei paragrafi precedenti – la legge dell'oscillatore armonico e quella esponenziale – con opportune modifiche e perfezionamenti sono alla base di *modelli* che cercano di descrivere, in modo realistico, svariati fenomeni naturali, la cui dinamica combina cicli e crescite (o decrescite). Scriveva Ludovico Geymonat nel 1981:

> Un «modello matematico» consiste [...] di una serie di relazioni (algebriche, differenziali, integrali, ecc.) dirette a rappresentare schematicamente il comportamento, statico o dinamico, di un sistema reale, nell'intento che l'elaborazione matematica di tali relazioni ci fornisca una analisi, la più precisa possibile, del sistema in esame adeguata allo scopo (di studio o applicativo) per cui venne ideato il modello considerato. Ma è noto che questa «ideazione» è sostanzialmente il frutto di una intuizione di ordine pratico, mentre l'elaborazione delle anzidette relazioni costituisce un compito di specifica natura matematica [...], a cui si deve comunque aggiungere un insieme di accurate prove sperimentali per la ricerca dei dati di base e per la verifica dei risultati previsti dal modello.

La modellizzazione matematica della realtà è, dunque, una vera e propria arte: richiede una notevole padronanza degli strumenti formali, ma anche la capacità di cogliere l'essenziale, di evidenziare le caratteristiche determinanti del sistema sotto osservazione («il filosofo geometra [...] bisogna che difalchi gli impedimenti della materia», faceva dire Galileo a Salviati nella seconda giornata del *Dialogo sopra i due massimi sistemi del mondo*), semplificando quanto più possibile, ma non di più.

Torniamo all'oscillatore armonico. Le oscillazioni di un pendolo e di una molla *reali* non proseguono indefinitamente, ma tendono a smorzarsi e a estinguersi a causa della dissipazione di energia dovuta agli attriti. Per descrivere questo fenomeno si introduce nell'equazione dell'oscillatore un termine proporzionale alla derivata dello spostamento, cioè alla velocità. La soluzione che si ottiene è ancora una funzione di tipo sinusoidale, ma con un'ampiezza che decresce esponenzialmente. I picchi e i ventri della curva diventano, col passare del tempo, sempre meno accentuati, finché non scompaiono e la funzione diventa praticamente piatta (un andamento, questo, che non è tipico solo degli oscillatori meccanici, ma anche, per esempio, della corrente in alcuni circuiti elettrici).

Nel 1926 il fisico e ingegnere olandese Balthasar van der Pol propose una modificazione dell'equazione dell'oscillatore smorzato, ipotizzando che il termine di velocità cambiasse segno a seconda dell'entità dello spostamento. L'equazione risultante prevede delle oscillazioni con rilassamento, caratterizzate in ogni ciclo da due fasi di crescita (e decrescita), l'una più lenta, l'altra più rapida. Sebbene il contesto originario in cui aveva introdotto questa dinamica fosse quello dei circuiti elettrici, van der Pol era convinto che essa rappresentasse una grande varietà di situazioni, dal funzionamento di strumenti meccanici alle epidemie e alle crisi economiche. Ma l'unica applicazione di successo dell'oscillatore di van der Pol doveva riguardare la fisiologia del cuore; in questo ambito il modello si rivelò fruttuoso perché permise, oltre che di descrivere in maniera abbastanza fedele il ritmo cardiaco, di individuare alcuni disturbi all'epoca ancora sconosciuti.

Anche la legge di crescita delle popolazioni può essere resa più realistica. Sebbene l'andamento esponenziale spesso descriva molto bene la dinamica di una popolazione per un certo lasso di tempo, è impossibile che un simile andamento possa prolungarsi indefinitamente. Il modello esponenziale, infatti, si applica solo quando le risorse di cui dispone la popolazione sono illimitate (o possono considerarsi tali). Se invece, come solitamente succede, le risorse sono limitate, il tasso di crescita non può essere costante, perché all'aumentare della popolazione le risorse a disposizione dei singoli individui decrescono progressivamente, così che la crescita tende ad arrestarsi.

Fu il matematico belga Pierre-François Verhulst a modificare nel 1838 il modello esponenziale, sottraendo al tasso di crescita costante *k* una quantità proporzionale al numero degli individui. All'inizio, quando questo numero è piccolo, il termine correttivo non fa sentire il proprio effetto e la crescita è approssimativamente esponenziale. Man mano che il numero degli individui aumenta, la correzione diventa sempre più importante, e la crescita rallenta, fino ad arrestarsi. Alla fine, la popolazione raggiunge un valore limite che rimane invariato. Questo modello matematico di crescita è chiamato logistico (fig. 3.7). Se la riserva di cibo e lo spazio a disposizione sono limitati, le popolazioni crescono secondo la curva logistica, come sanno bene i microbiologi. Modifiche dell'equazione logistica sono state proposte per descrivere dinamiche più complicate di crescita, in vari contesti (dalla cancerogenesi allo sviluppo economico).

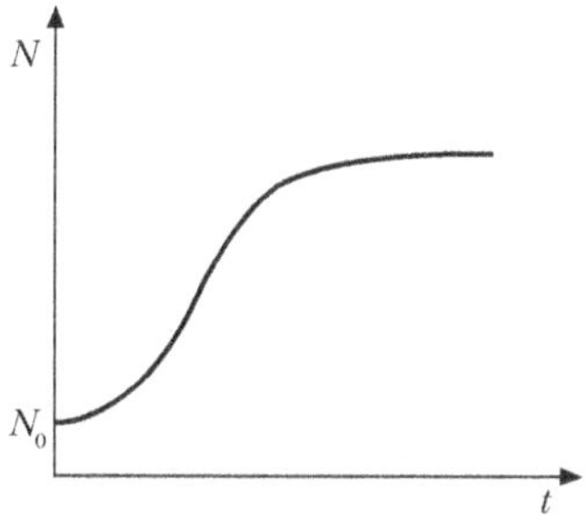

FIG. 3.7. Crescita logistica.

La dinamica delle popolazioni biologiche è influenzata non solo dalla limitatezza delle risorse, ma anche dall'eventuale presenza di predatori. Nel 1926 lo zoologo Umberto D'Ancona, studiando le statistiche dei mercati ittici di Trieste, Fiume e Venezia del periodo 1910-1923, scoprì che, in seguito all'interruzione della pesca negli anni della prima guerra mondiale, si era verificato un fatto curioso: erano diminuiti i pesci delle specie predate, che rappresentavano la maggior parte del pescato commestibile, e aumentati quelli delle specie predatrici. D'Ancona ipotizzò che ciò fosse dovuto al fatto che la pesca modificava l'equilibrio naturale esistente tra predatori e prede, e che la sua sospensione ripristinava tale equilibrio, causando un aumento dei predatori.

Per mettere alla prova questa ipotesi e analizzare teoricamente la situazione, D'Ancona si rivolse al suocero, il matematico Vito Volterra, il quale elaborò un modello dell'associazione preda-predatore. In assenza di predatori, le prede, che si cibano di plancton (presente in quantità illimitata), tenderebbero a crescere esponenzialmente. D'altra parte, i predatori, in assenza di prede – il loro unico cibo –, diminuirebbero in modo esponenziale. L'interazione tra predatori e prede introduce nelle equazioni di evoluzione delle due popolazioni un termine correttivo proporzionale al prodotto delle popolazioni. Questo termine ha

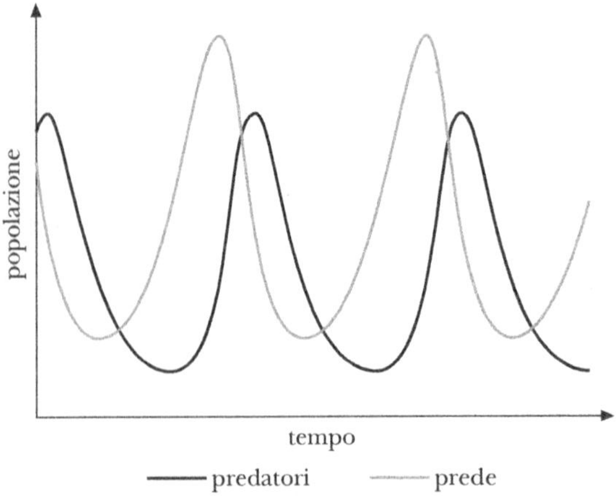

Fig. 3.8. L'andamento delle popolazioni di predatori e prede nel modello di Volterra.

segno opposto per le due specie: è negativo per le prede e tende a mitigare la loro crescita; è positivo per i predatori e favorisce un aumento del loro numero. Le equazioni risultanti prevedono che le due popolazioni oscillino, passando per massimi e minimi, con uno sfasamento per cui il massimo numero dei predatori è raggiunto durante una fase calante delle prede (fig. 3.8). Se si introduce nel modello la pesca, che equivale a sottrarre uniformemente ai predatori e alle prede una data frazione delle rispettive popolazioni, si scopre che si ha un incremento medio delle prede e una diminuzione media dei predatori. Insomma, la pesca favorisce l'abbondanza delle prede (che, come si è detto, sono i pesci commestibili). Questo risultato spiega le osservazioni di D'Ancona; ma, come sottolineò Volterra, è valido solo entro certi limiti, al di là dei quali la pesca porta all'estinzione di entrambe le specie.

Le equazioni di Volterra, che negli stessi anni furono derivate indipendentemente anche dallo scienziato statunitense Alfred Lotka, hanno rappresentato il punto di partenza per lo studio di numerosi sistemi dinamici non lineari che compaiono in ambiti biologici e chimico-fisici.

Piccolissime cause, grandissimi effetti

Risolvendo le equazioni della natura, si incontrano talvolta delle sorprese. Una di queste è la scoperta dell'esistenza di «mille e mille grandissimi affetti et effetti, che da picciolissime cause dependono» (così Galileo in una lettera a Piero Dini del 21 maggio 1611 – un passo ripreso da Giacomo Leopardi nella *Crestomazia*, 1827).

Nel 1775 l'Accademia francese delle Scienze decise di non esaminare più alcuna macchina proposta come esempio di *perpetuum mobile*, con la seguente motivazione: «La realizzazione del moto perpetuo è assolutamente impossibile: quand'anche l'attrito o la resistenza del mezzo non distruggessero alla lunga l'effetto della forza motrice, questa forza non potrebbe che produrre un effetto uguale alla causa». Il principio sostenuto dagli accademici, e già usato da Leibniz nello stesso contesto, è che *causa aequat effectum*: se la forza motrice impressa alla macchina è limitata, la macchina produrrà solo un lavoro limitato, che non potrà durare indefinitamente.

Questo argomento (che nella confutazione del moto perpetuo è stato soppiantato da una legge rigorosa e universale, la legge di conservazione dell'energia) è, però, fallace, come si era accorto già Galileo. Alla base dell'attuale teoria del caos, in effetti, c'è l'osservazione contraria – che piccolissime cause, intese come perturbazioni dello stato di un sistema, possono, su tempi lunghi, avere conseguenze rilevanti. È il famoso «effetto farfalla», dal titolo di una conferenza tenuta nel 1972 dal meteorologo statunitense Edward Lorenz: *Può il batter d'ali di una farfalla in Brasile provocare un tornado in Texas?* Studiando un semplice modello della circolazione atmosferica, basato su tre equazioni differenziali non lineari, Lorenz aveva scoperto che bastava variare di pochissimo le condizioni iniziali per ottenere un'evoluzione del sistema completamente differente. Questa forte dipendenza dalle condizioni iniziali è ciò che caratterizza un comportamento «caotico». La risposta alla domanda di Lorenz è quindi, in linea di principio, sì: una minima imprecisione iniziale su piccole scale spaziali (il «batter d'ali della farfalla») può davvero amplificarsi fino a interessare, in un volgere di tempo relativamente breve, scale di distanza molto grandi (il «tornado»).

Le circostanze della scoperta dell'effetto farfalla sono interessanti. Lorenz stava risolvendo le sue equazioni con un computer che registrava in memoria i dati numerici con sei cifre significative, ma stampava solo le prime tre. Quando il meteorologo usò come input i numeri tabulati con tre cifre, trovò che l'evoluzione temporale del sistema era completamente diversa da quella che si osservava dando l'input nella forma memorizzata dal computer, con sei cifre. La piccola imprecisione nella condizione iniziale produceva alla fine un'enorme differenza.

Quella di Lorenz fu in realtà una riscoperta, perché già alla fine dell'Ottocento i matematici francesi Henri Poincaré e Jacques Hadamard avevano dimostrato che l'evoluzione di certi sistemi dinamici dipendeva in maniera estremamente sensibile dalle condizioni iniziali (il fenomeno era poi stato analizzato sul piano metodologico dal fisico e filosofo Pierre Duhem nel suo *La teoria fisica* del 1906). Così Poincaré, nel 1907, riassumeva la questione:

> Se conoscessimo esattamente le leggi della natura e la situazione dell'universo all'istante iniziale, potremmo prevedere esattamente la situazione dello stesso universo in un istante successivo. Ma se pure accadesse che le leggi naturali non avessero più alcun segreto per noi, anche in questo caso potremmo conoscere la situazione iniziale solo approssimativamente. Se questo ci permettesse di prevedere la situazione successiva con la stessa approssimazione, non ci occorrerebbe di più e dovremmo dire che il fenomeno è stato previsto, che è governato da leggi. Ma non è così, può accadere che piccole differenze nelle condizioni iniziali ne producano di grandissime nei fenomeni finali. Un piccolo errore nelle prime produce un errore enorme nei secondi. La previsione diventa impossibile e si ha un fenomeno fortuito.

Come si comprende dalle parole di Poincaré, che fanno il verso a quelle famose di Pierre-Simon de Laplace nel *Saggio filosofico sulle probabilità* del 1814 («Un'Intelligenza che, per un dato istante, conoscesse tutte le forze di cui è animata la Natura e la situazione rispettiva degli esseri che la compongono [...] abbraccerebbe nella stessa formula i movimenti dei più grandi corpi dell'universo e dell'atomo più leggero: nulla sarebbe incerto per essa e l'avvenire, come il passato, sarebbe presente ai suoi occhi»), la sensibilità alle condizioni iniziali non contraddice a rigore il determinismo – perché, se lo stato iniziale fosse noto con precisione, lo stato finale sarebbe anch'esso perfettamente individuato –, ma di fatto mette a repentaglio la predicibilità: piccole incertezze iniziali si amplificano rapidamente, rendendo impossibile prevedere il comportamento del sistema dopo un certo tempo. È questa l'essenza del cosiddetto caos deterministico. Pur obbedendo a leggi deterministiche espresse da equazioni differenziali (o da mappe evolutive discrete), i sistemi «caotici» sono impredicibili a medio e lungo termine.

Da un punto di vista matematico la dipendenza di un sistema caotico dalle condizioni iniziali è di tipo esponenziale. Supponiamo che lo stato del sistema sia specificato, istante per istante, dalla funzione $x(t)$. Se al tempo $t = 0$ l'incertezza sullo stato è δx_0, in un tempo successivo essa sarà data da $\delta x \sim \delta x_0\, e^{\lambda t}$. Il parametro λ è il cosiddetto esponente di Ljapunov (dal nome del matematico russo Aleksandr Ljapunov), e il suo reciproco, $\tau = 1/\lambda$, è un tempo caratteristico del sistema: in un tempo pari a 5τ, l'imprecisione con cui è noto lo stato del sistema cresce di un fattore 100, in un tempo 9τ addirittura di un fattore 10.000. Ciò significa che dopo un tempo pari a poche unità di τ il comportamento del sistema non è più prevedibile. Nei sistemi non caotici, invece, la dipendenza dalle condizioni iniziali è più blanda, di tipo lineare o polinomiale, e non compromette la predicibilità del sistema anche su tempi lunghi.

Un esempio di sistema caotico – in auge qualche decennio fa – è il flipper: una pallina che rotola sbattendo contro ostacoli circolari fissi. È facile immaginare – e magari lo sappiamo per esperienza diretta – che una piccolissima differenza di direzione della pallina dopo il primo ostacolo porta a una traiettoria finale completamente diversa. Un altro semplice sistema caotico è il pendolo doppio, costituito da due aste incernierate in modo che una possa ruotare attorno all'altra.

Ma i fenomeni caotici non riguardano solo i sistemi meccanici. Li ritroviamo anche in fluidodinamica, elettronica, chimica, geologia, fisiologia, epidemiologia, ecologia, economia. L'ambito in cui fanno sentire di più i loro effetti è, però, la meteorologia. La dinamica dell'atmosfera, modellizzata da complicati sistemi di equazioni differenziali non lineari, è caotica, e anche se si disponesse di un modello perfetto e di un'illimitata capacità di calcolo, le previsioni del tempo si scontrerebbero sempre con la forte dipendenza dalle condizioni iniziali (lo stato dell'atmosfera in un determinato istante), che non potranno mai essere note con precisione assoluta. Gli esponenti di Ljapunov dei modelli atmosferici sono tali da rendere inaffidabili le previsioni del tempo oltre i 10-15 giorni: è inutile, quindi, chiedersi a Carnevale che tempo farà a Pasqua.

Anche il Sistema solare è caotico, ma i tempi caratteristici, in questo caso, sono decisamente più lunghi. Le orbite planetarie potrebbero cambiare in maniera rilevante nell'arco di alcune decine di milioni di anni, un tempo breve rispetto alla vita del Sistema (stimata in miliardi di anni), ma, fortunatamente per noi, tale da permetterci di affrontare il problema con una certa tranquillità.

Simmetrie infrante e altre catastrofi

La Terra è un ellissoide oblato: un modo complicato, ma preciso, di dire che è schiacciata ai poli e rigonfia all'equatore (il raggio polare è inferiore al raggio equatoriale di circa 20 chilometri). La forma del nostro pianeta è quella che si ottiene facendo ruotare un'ellisse leggermente eccentrica (quasi una circonferenza) attorno al suo asse minore, che corrisponde all'asse polare. Newton aveva previsto questa forma come conseguenza della forza centrifuga dovuta alla rotazione terrestre, ma la conferma sperimentale venne solo nel 1736, grazie alle misure effettuate dal matematico e filosofo bretone Pierre-Louis Moreau de Maupertuis, che determinò la lunghezza di un grado d'arco di meridiano in Lapponia. La spedizione di Maupertuis pose fine alla disputa esistente tra i newtoniani e i cartesiani, che sostenevano invece l'ipotesi dell'ellissoide prolato, cioè schiacciato all'equatore.

Il problema che si poneva, una volta accertata la forma corretta della Terra, era di stabilire una relazione tra l'entità dello schiacciamento polare e la velocità di rotazione terrestre, in modo da comprendere il meccanismo di formazione del nostro pianeta a partire da una massa fluida in rotazione sotto l'effetto della gravità. I matematici si misero all'opera per determinare le figure di equilibrio di questo sistema. Nel 1834 il tedesco Carl Gustav Jacob Jacobi fece una sorprendente scoperta: mentre per basse velocità di rotazione la massa assume la forma di un ellissoide a simmetria assiale, quando la velocità di rotazione raggiunge e supera un certo valore la forma diventa asimmetrica. Si trattava di un risultato sorprendente, perché le equazioni che descrivono la dinamica della massa rotante sono radialmente simmetriche, dal momento che la gravità è la stessa in tutte le direzioni. Equazioni simmetriche, dunque, possono ammettere soluzioni asimmetriche! Jacobi aveva individuato, senza rendersene conto, un fenomeno di straordinaria importanza, che oggi chiamiamo «rottura spontanea delle simmetrie».

Pur essendo un fenomeno piuttosto comune in natura, la rottura spontanea delle simmetrie – l'esistenza di stati che rompono la simmetria delle leggi che li determinano –, è stata pienamente riconosciuta e concettualizzata solo nella seconda metà del Novecento, nell'ambito della fisica della materia e della fisica delle particelle.

Vediamo, con un semplice esempio, come si può descrivere questo fenomeno in termini matematici. Consideriamo una trave cilindrica verticale, sulla cui estremità superiore venga fatta agire una forza diretta verso il basso (fig. 3.9). Se x è la posizione del

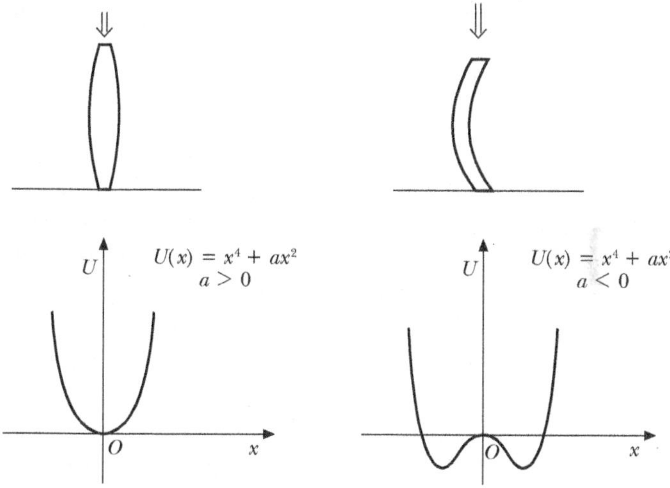

FIG. 3.9. La trave flettente (in alto) e i profili della sua energia potenziale (in basso).

baricentro della trave proiettata su un piano orizzontale, l'energia potenziale del sistema ha la forma $U(x) = x^4 + ax^2$, con un coefficiente a che dipende dall'elasticità del materiale e dalla forza esterna. La funzione U, da cui discendono le equazioni dinamiche della trave, riflette la simmetria delle forze in gioco (quella esterna e quelle interne), che non distinguono tra il lato destro e il lato sinistro: infatti, U rimane invariata se sostituiamo x con $-x$, perché $(-x)^2 = x^2$ e $(-x)^4 = x^4$.

La configurazione stabile della trave corrisponde allo stato di energia più bassa, cioè al valore di x per il quale la funzione U è minima. Per determinare questo stato è cruciale conoscere il segno del coefficiente a. Se la forza sull'estremità superiore della trave è debole, il coefficiente a è positivo e la funzione $U(x)$ ha un solo minimo in $x = 0$: la trave si deforma un po' al centro, ma mantiene la simmetria tra destra e sinistra (la soluzione $x = 0$, infatti, rimane invariata se cambiamo segno alla x). Se la forza supera una certa intensità, il coefficiente a diventa negativo e il profilo di $U(x)$ cambia completamente (fig. 3.9): invece di un unico minimo nell'origine, compaiono due minimi distinti, corrispondenti a due possibili configurazioni asimmetriche della trave, una incurvata a sinistra, l'altra a destra. La trave «sceglie» spontaneamente una di queste configurazioni (a differenza dell'asino di Buridano, che trovandosi tra due sacchi di fieno equidistanti, muore di fame, non avendo alcuna ragione per preferirne uno), cioè si piega da una parte, rompendo così la simmetria.

La trave flettente è il prototipo di tutti i sistemi soggetti a una rottura spontanea di simmetria. Prendiamo, per esempio, una calamita. La sua magnetizzazione è dovuta al fatto che essa contiene tanti magnetini microscopici allineati nella stessa direzione. Questo allineamento rompe la simmetria rotazionale delle equazioni del sistema. Però, se riscaldiamo la calamita oltre una certa temperatura critica (che nel caso del ferro è di 768 °C), la magnetizzazione scompare, perché i magnetini si orientano in tutte le direzioni, ripristinando la simmetria. L'energia potenziale della calamita è la stessa della trave, ma x rappresenta adesso la magnetizzazione. Il coefficiente a dipende dalla temperatura: per temperature superiori alla temperatura critica, a è positivo, e c'è un solo minimo di energia, corrispondente a uno stato di magnetizzazione nulla; per temperature inferiori alla temperatura critica, a è invece negativo e ci sono due minimi, corrispondenti a magnetizzazioni opposte, che selezionano una direzione privilegiata rompendo la simmetria rotazionale.

Anche il campo di Higgs, che dà massa alle particelle elementari, ha un profilo di energia del tipo di $U(x)$, con uno o due minimi (x è in questo caso il valore del campo). Le equazioni che governano la dinamica di questo campo sono simmetriche rispetto alla trasformazione $x \to -x$. Se il parametro a fosse positivo, lo stato fondamentale (cioè di minima energia) sarebbe quello in cui $x = 0$, e la simmetria sarebbe preservata. Ma a, invece, è negativo, e i minimi dell'energia sono pertanto due, di segno opposto: il campo di Higgs ne sceglie uno e rompe spontaneamente la simmetria. Il valore non nullo di x nello stato fondamentale (che è lo stato di vuoto quantistico) è precisamente ciò che conferisce massa alle particelle (elettroni, quark, ecc.) che interagiscono con il campo di Higgs.

Abbiamo visto che il cambiamento di segno del parametro a che compare nel potenziale $U(x)$ determina una drastica variazione della dinamica del sistema. Situazioni di questo genere sono descritte da un formalismo matematico generale, la cosiddetta teoria delle catastrofi, elaborata negli anni Sessanta dal francese René Thom e resa popolare soprattutto dal britannico Christopher Zeeman.

La teoria ha per oggetto quei sistemi (di varia natura, fisici, biologici e persino sociali) che saltano da un'evoluzione determinata da un insieme di equazioni dinamiche a un'altra evoluzione determinata da un altro insieme di equazioni dinamiche. Questi salti discontinui da una dinamica a un'altra sono detti «catastrofi» (senza necessariamente una connotazione negativa). Sotto opportune condizioni i sistemi in questione sono caratterizzati da un potenziale, cioè da una funzione come la $U(x)$ introdotta sopra, che dipende dalle *variabili di stato* del sistema e da alcuni *parametri di controllo.* La configurazione di equilibrio è quella che rende minimo il potenziale. Se si ipotizza che il sistema sia strutturalmente stabile, cioè che resista a piccole perturbazioni, è possibile – per un numero limitato di variabili – classificare i potenziali. Nel caso di una sola variabile di stato (quella che sopra abbiamo chiamato x) esistono quattro potenziali, corrispondenti a quattro catastrofi «elementari», chiamate (per la forma dei loro diagrammi) «piega», «cuspide», «coda di rondine», «farfalla».

Il potenziale della catastrofe a cuspide è $U(x) = x^4 + ax^2 + bx$, una generalizzazione di quello che abbiamo considerato finora, con due parametri di controllo, a e b (nell'esempio della trave, il termine bx simula una forza orizzontale che, superato

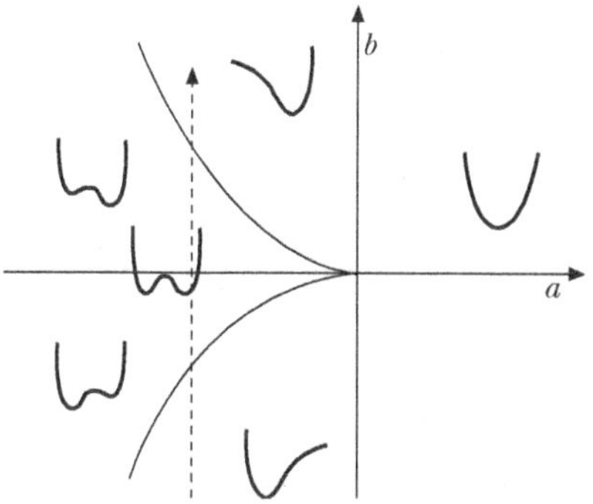

FIG. 3.10. Il piano di controllo di una catastrofe a cuspide.

un certo valore di soglia, fa passare da una flessione a sinistra a una flessione a destra). Rappresentando *a* e *b* in un piano cartesiano (fig. 3.10), una curva a forma di cuspide (determinata da una certa relazione tra *a* e *b*) delimita delle regioni del piano in cui $U(x)$ assume forme diverse. All'interno della cuspide, *U* ha due minimi (e un massimo), all'esterno ha un solo minimo, che è centrale nel semipiano delle *a* positive ed è invece spostato a sinistra o a destra ai due lati della cuspide.

Sull'asse orizzontale del piano di controllo, il parametro *b* è nullo e *U* si riduce alla forma $U(x) = x^4 + ax^2$, che è simmetrica rispetto al cambiamento di segno $x \to -x$. Spostandosi a sinistra lungo quest'asse, verso le *a* negative, la simmetria è spontaneamente rotta, perché $U(x)$ acquista due minimi distinti ed equivalenti (uno positivo, l'altro negativo). Al di fuori dell'asse delle ascisse, il potenziale ha un termine *bx* che rompe esplicitamente la simmetria $x \to -x$. In questo caso c'è un solo minimo (non centrale), o due minimi diseguali.

Consideriamo quello che succede lungo una linea nel semipiano delle *a* negative, aumentando il valore del parametro *b* (fig. 3.10). Il sistema ha inizialmente un solo stato di equilibrio (un solo minimo, a sinistra); entrando nella cuspide, compare un altro minimo a destra, meno accentuato del primo e quindi ininfluente (il sistema rimane nello stato iniziale, che è quello di energia più bassa). Quando il sistema attraversa l'asse orizzontale, il minimo di destra comincia a prevalere e si ha un brusco passaggio dalla configurazione iniziale a questa seconda configurazione di equilibrio, fino a che, al di là della cuspide, il primo minimo sparisce del tutto.

La catastrofe a cuspide, con il suo tipico salto da uno stato di equilibrio a un altro in conseguenza della variazione di uno o due parametri di controllo, si presta a illustrare numerose dinamiche naturali e umane. In effetti, essa è stata usata, assieme alle altre catastrofi elementari, per descrivere, con un certo successo, sistemi fisici di varia natura (nell'ambito della termodinamica, della meccanica dei fluidi, dell'ottica, dell'elasticità), ma anche situazioni tipiche delle scienze biomediche (embriogenesi, processi fisiologici, disturbi nervosi, ecc.) e delle scienze sociali (ideologie politiche, conflitti tra stati, mercati finanziari).

Consideriamo, come primo esempio, il modello dell'aggressività del cane elaborato da Zeeman. L'ipotesi di base, suggerita dagli studi dell'etologo Konrad Lorenz, è che il comportamento di un cane, descritto da una variabile che chiamiamo w, dipenda sostanzialmente da due fattori (i parametri di controllo): paura (a) e collera (b). La prima spinge l'animale a fuggire, la seconda ad attaccare. Che cosa succede se il cane ha insieme collera e paura? Tutto dipende dalla forma geometrica della «superficie di comportamento» $w(a, b)$, che ha uno strato in alto

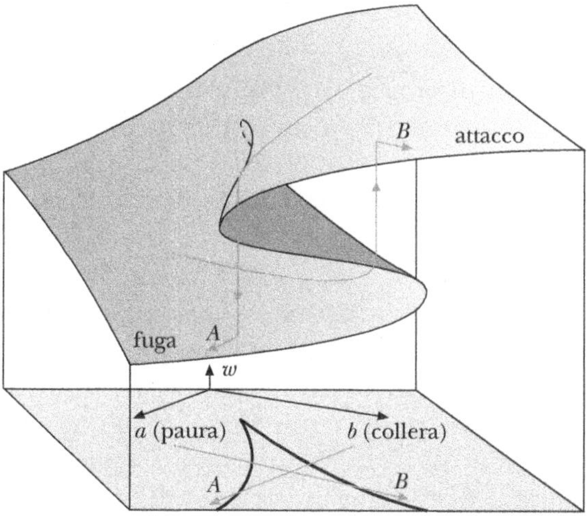

FIG. 3.11. Modello dell'aggressività del cane basato sulla catastrofe a cuspide (figura tratta da E.C. Zeeman, *La teoria delle catastrofi*, in «Le Scienze», n. 96, agosto 1976).

(attacco) e uno in basso (fuga), e un'increspatura in corrispondenza della cuspide nel piano di controllo (fig. 3.11). Vicino alla cuspide basta un po' più di collera e un po' meno di paura perché il cane attacchi, o un po' più di paura e un po' meno di collera perché fugga; in entrambi i casi il comportamento dell'animale ha come esito una catastrofe, rappresentata spazialmente da un «balzo» da uno strato all'altro della superficie di comportamento. Più precisamente, il modello mette in luce come il comportamento dipenda dal modo in cui si combinano paura e collera nel piano di controllo. Supponiamo che il cane abbia un comportamento inizialmente neutrale e cominci poi a incollerirsi, senza che la sua paura vari in maniera apprezzabile. La traiettoria che descrive il comportamento dell'animale giace allora sullo strato alto della superficie, corrispondente all'attacco. Ma se, per qualche motivo, la paura del cane aumenta, si giunge a un punto, sul bordo dell'increspatura, in cui avviene un brusco cambiamento; il cane «balza» dallo strato superiore allo strato inferiore, cioè interrompe improvvisamente il suo attacco e fugge (traiettoria *A*). In modo analogo, un cane spaventato che si incollerisce oltre un certo livello critico, improvvisamente attacca (traiettoria *B*).

Le caratteristiche che abbiamo menzionato si ritrovano anche in certe situazioni umane in cui il comportamento del sistema dipende da due soli parametri di controllo. Un esempio interessante è fornito dallo studio dello storico Richard P. Davis su Arthur Griffith, patriota irlandese e fondatore del Sinn Fein. Griffith era un fautore della resistenza passiva come strumento atto a iniziare il processo che avrebbe dovuto portare al distacco dell'Irlanda dall'Inghilterra. A differenza di altri nazionalisti, che sostenevano l'uso della forza fisica e miravano alla proclamazione di una *Irish Republic*, Griffith pensava a una politica di negoziazione con l'avversario britannico (una volta che questi avesse preso atto dell'impossibilità di controllare il Paese contro la volontà della maggioranza degli abitanti) e a una sorta di «doppia monarchia» angloirlandese. I mutamenti politici, economici e sociali dell'Irlanda di fine Ottocento avevano favorito il suo programma, ma successivamente – in seguito a vari eventi, compreso lo scoppio della prima guerra mondiale – il fronte repubblicano aveva ripreso consistenza. Davis – in modo che parrebbe indipendente dalla teoria delle catastrofi – analizza il processo mediante un diagramma che ricorda quello della cuspide. La variabile di comportamento w rappresenta in questo caso la propensione alla forza fisica da parte del popolo irlandese, in funzione della paura *a* e della collera *b* indotte dalla reazione britannica. Lo strato superiore della superficie di comportamento corrisponde alla ribellione repubblicana, lo strato inferiore alla negoziazione per la doppia monarchia. La situazione rimane in bilico tra i due esiti, ma basta un piccolo aumento della collera – legata alla percezione del pericolo di una repressione generalizzata da parte di un'autorità sentita sempre più debole e illegittima – per farla precipitare verso l'opzione rivoluzionaria. Il che di fatto avvenne, con l'insurrezione di Pasqua del 1916 e la successiva guerra di liberazione contro i britannici (1918-1921).

Le applicazioni dei modelli basati sulla teoria delle catastrofi alle scienze umane hanno generato dubbi e controversie. Conviene precisare che, come lo stesso Thom sottolineava, tali modelli si limitano a restituire il «senso» degli eventi, cioè a renderceli intelligibili, indipendentemente dalla nostra capacità di prevederne il corso successivo (ed eventualmente intervenire per modificarlo).

Per vias brevissimas

Narra la leggenda che Didone, regina di Tiro, costretta all'esilio dal fratello Pigmalione, si fosse rifugiata sulle coste del Nord Africa, presso il re berbero Iarba. Questi le offrì ospitalità e concesse ai profughi tanto terreno «quanto potessero cingere con una pelle di toro» (Virgilio, *Eneide*, I, 368). Non sembrava un'offerta particolarmente generosa, ma Didone ebbe due brillanti idee. La prima fu quella di tagliare la pelle in tante strisce sottili e di unirle assieme, in modo tale da poter circondare il terreno con questo lungo nastro («Astuzia di femmina!», commenta ammirato Giovanni Boccaccio nel suo *De mulieribus claris*). La seconda, ancora più ingegnosa, fu di racchiudere all'interno del nastro uno spazio di terra di forma semicircolare: il cerchio permette infatti di abbracciare la massima area possibile, data la lunghezza del nastro a disposizione (cioè dato il perimetro del terreno). Così facendo, Didone non solo garantì alla nascente città di Cartagine una congrua estensione, ma si guadagnò un posto negli annali della matematica risolvendo intuitivamente il primo problema variazionale della storia. In questo tipo di problemi c'è una grandezza (nel caso di Didone, l'area del terreno) dipendente da certe funzioni (le curve di perimetro assegnato), che devono essere determinate in modo da rendere quella grandezza massima o minima. Per la cronaca, la dimostrazione che tra tutte le figure piane di dato perimetro quella che racchiude l'area massima è il cerchio fu fornita solo nel 1838 da Jakob Steiner.

Il ramo della matematica che si occupa della risoluzione dei problemi di massimo e di minimo è detto calcolo delle variazioni, e il suo atto di nascita può essere collocato, con una certa precisione, nel dicembre del 1696. Fu allora che il matematico svizzero Johann Bernoulli lanciò ai colleghi di tutta Europa una sfida: trovare entro la Pasqua dell'anno successivo la soluzione al problema della «brachistocrona», la curva di discesa più rapida. Il problema può essere formulato così: dati due punti A e B posti ad altezze diverse, qual è la linea lungo la quale deve discendere un corpo sotto l'azione della gravità, in modo tale che il tempo che esso impiega per andare da *A* a *B* sia minimo? A prima vista potremmo pensare che la linea di discesa più rapida sia quella più breve, cioè la retta *a* che congiunge *A* e *B* (fig. 3.12). Ma un attimo di riflessione ci convince che le cose non possono andare in questo modo. La forza che fa accelerare il corpo, infatti, è solo la componente della forza di gravità lungo la linea di discesa. È quindi più vantaggioso, all'inizio, seguire una linea più ripida, come la *b* mostrata in figura. Questa linea, tuttavia, deve incurvarsi per poter raggiungere il punto d'arrivo *B*, e risulta più lunga della retta *a*. Occorre pertanto conciliare due esigenze contrapposte: massima accelerazione, minima lunghezza. La soluzione ottimale fu trovata da un manipolo di geni – Newton, Leibniz, lo stesso Johann Bernoulli e suo fratello Jakob – i quali dimostrarono che la curva di discesa più rapida è un arco di cicloide, la curva descritta da un punto di una circonferenza che rotola lungo una retta senza strisciare.

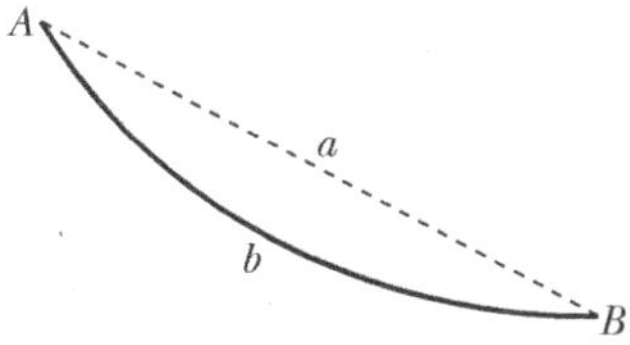

FIG. 3.12. Il problema della brachistocrona.

Bernoulli trasmise l'interesse per questo tipo di problemi al suo allievo Eulero, cui si devono i primi risultati generali del calcolo delle variazioni. In un problema variazionale la grandezza da massimizzare o minimizzare è l'integrale di un'espressione contenente una o più funzioni e le loro derivate. Eulero mostrò che le funzioni che rendono massimo o minimo l'integrale devono soddisfare una precisa equazione differenziale, e con questo metodo, universalmente applicabile, risolse numerosi problemi. Uno dei suoi successi fu la scoperta della prima superficie minima, la catenoide, che si può realizzare in pratica con una lamina di sapone tesa tra due anelli circolari coassiali.

Ma l'impulso decisivo allo sviluppo del calcolo delle variazioni venne dalla fisica. Quello che Didone aveva compiuto inconsapevolmente nel IX secolo a.C. su una penisola del Mediterraneo occidentale, e che i matematici cominciarono a fare con cognizione di causa nel XVIII secolo d.C., la natura lo fa in continuazione sotto i nostri occhi: risolve a tutti i livelli problemi di massimo e di minimo.

Prendiamo un fenomeno ottico comunissimo, la riflessione. La legge fisica che la descrive era stata enunciata già da Euclide nella sua *Ottica*: l'angolo di riflessione è uguale all'angolo di incidenza. Qualche secolo dopo, Erone di Alessandria dimostrò che nella riflessione il percorso di un raggio luminoso dalla sorgente allo specchio e da questo all'osservatore è, tra tutti i percorsi possibili, quello di lunghezza minima. Nel Seicento Pierre de Fermat, magistrato di Tolosa e nel tempo libero matematico di prima grandezza, estese questo risultato, formulando un principio generale: il percorso che la luce compie tra due punti è sempre quello di più breve durata, che non è necessariamente il più corto (lo è solo se la luce si propaga in un mezzo con velocità costante, come succede nella riflessione). Fermat derivò dal suo principio la legge della rifrazione: un raggio di luce che si propaga da un mezzo materiale a un altro (per esempio, dall'aria all'acqua, o al vetro) viene deviato, e tra l'angolo di incidenza α_1 e l'angolo di rifrazione α_2 vale la relazione $\operatorname{sen}\alpha_1/\operatorname{sen}\alpha_2 = v_1/v_2$, dove v_1 e v_2 sono le velocità della luce nel primo e nel secondo mezzo, rispettivamente.

Il passaggio dai fenomeni ottici a quelli meccanici fu compiuto nel 1744 da Maupertuis, il quale prese le mosse dal risultato di Fermat per enunciare un principio più generale, il principio di minima azione: «Quando si verifica un cambiamento nella Natura, la quantità d'azione necessaria per questo cambiamento è la più piccola possibile». Maupertuis attribuiva a questo principio un significato teologico: il fatto che la natura, nella produzione dei suoi effetti, agisse sempre con i mezzi più semplici era per lui un riflesso (anzi, una prova) della perfezione e dell'infinita saggezza del Creatore. Questa interpretazione teistica (ridicolizzata già da Voltaire nell'*Histoire du Docteur Akakia*) non compromise l'utilità del principio di Maupertuis, che, portato sul solido terreno della fisica, si rivelò particolarmente fruttuoso.

Ma che cos'è l'azione? Per Maupertuis l'azione di un corpo in movimento è il prodotto della massa del corpo per la sua velocità e per la distanza percorsa, mvs. Ma la velocità di un corpo, in generale, varia durante il moto, e la quantità mvs è, dunque, mal definita. La difficoltà fu superata da Eulero e da Lagrange, i quali diedero una più adeguata formulazione del principio. Se consideriamo uno spostamento infinitesimo ds, la velocità v si può assumere come costante e il contributo all'azione è $mv\ ds$. L'azione si ottiene sommando gli infinitesimi, cioè integrando: $\int mv\ ds$. Poiché lo spostamento ds è uguale alla velocità v per l'intervallo infinitesimo di tempo dt, $ds = v\ dt$, l'integrale può essere scritto anche come $\int mv^2\ dt$, ovvero, riconoscendo che $\frac{1}{2}\ mv^2$ è l'energia cinetica K del corpo, $\int K\ dt$ (a meno di un fattore numerico irrilevante).

In questa forma l'azione non tiene conto delle possibili interazioni del corpo. Il passo decisivo venne compiuto nel 1834 dal matematico irlandese William Rowan Hamilton, che sostituì l'energia cinetica K con la differenza tra K e l'energia potenziale U, una quantità nota come «lagrangiana»: $L = K - U$. L'espressione definitiva dell'azione è dunque

$$\text{azione} = \int_{t_1}^{t_2} L\, dt\,.$$

Le leggi del moto di un corpo si possono riformulare imponendo che questo integrale abbia un valore estremo (non necessariamente minimo, come pensava Maupertuis). Tra tutte le possibili traiettorie di un sistema, la traiettoria effettiva è quella che rende estrema l'azione.

Derivare le equazioni del moto dal principio di azione può apparire un semplice esercizio matematico, che non aggiunge nulla alla comprensione fisica dei problemi (questa era sostanzialmente la critica che ai princìpi variazionali rivolgeva Ernst Mach in *La meccanica nel suo sviluppo storico-critico*, 1883). Ma non è così. Il principio di azione ha svariati pregi. Anzitutto, permette di descrivere i sistemi meccanici in termini dell'energia, invece che delle forze. Il concetto di energia è più generale di quello di forza ed è legato a una legge di conservazione esatta della natura. Le forze erano utili e comode nella meccanica newtoniana; ma a partire dall'Ottocento, con la fisica dell'elettromagnetismo, sono state sostituite dai campi, che sono entità dinamiche, dotate di energia. Il principio di Hamilton si estende facilmente alle teorie dei campi: basta inserire nell'azione i termini di energia opportuni. C'è poi un ulteriore vantaggio nel costruire le teorie a partire dall'azione: i princìpi di simmetria, che stabiliscono l'invarianza delle leggi fisiche rispetto a certe trasformazioni, assumono la forma di semplici condizioni matematiche sull'azione. È così, in effetti, che lavorano i fisici teorici: scrivono le azioni, impongono le simmetrie, derivano le equazioni, e, se ce la fanno, le risolvono (almeno approssimativamente).

Dopo essere stato usato con successo in meccanica, elettromagnetismo e relatività, il principio di azione si eclissò con la nascita della meccanica quantistica. La prima formulazione di questa teoria, infatti, non attribuiva rilevanza alla lagrangiana e al suo integrale. Nel 1948, però, Richard Feynman, che era rimasto profondamente affascinato, durante i suoi studi, dal principio d'azione, riuscì a estenderlo alla meccanica quantistica, scoprendo un fatto clamoroso: per muoversi tra due punti dello spazio una particella non «sceglie» un cammino definito, come farebbe classicamente, ma, per così dire, li percorre tutti. La probabilità che essa si sposti da un punto all'altro è, infatti, data da una particolare somma su tutti i cammini che congiungono i due punti, ognuno pesato con un fattore di fase che dipende dall'azione.

L'approccio di Feynman si è rivelato estremamente fruttuoso, non solo perché ha permesso di costruire la teoria quantistica del campo elettromagnetico, ma perché ha cambiato radicalmente il modo di concepire il calcolo nella fisica fondamentale, introducendo un forte elemento di visualizzazione: le equazioni relative a un processo di interazione fra particelle vengono tradotte in figure (i diagrammi di Feynman, come quelli nella fig. 1.6), nelle quali ogni simbolo grafico (vertici, linee, anelli, ecc.) ha un preciso significato matematico, che permette di calcolare il processo in questione. È una sorta di fisica a fumetti, estremamente efficace, purtroppo meno accessibile di *Topolino*.

IV

La qualità matematica della natura

Dove ci si interroga sulla matematizzazione delle scienze e si conclude che il segreto dell'efficacia della matematica sta nella sua libertà.

La chiave e la porta di tutte le scienze

Teorie scientifiche che diremmo di tipo moderno, basate sull'applicazione della matematica allo studio della natura, erano presenti, almeno in certa misura, nell'opera dei grandi studiosi dell'epoca ellenistica. Per quasi due millenni, però, fino al Seicento, prevalse una differente concezione della conoscenza, di origine aristotelica, che separava la filosofia naturale, intesa come ricerca delle cause, dalla matematica, cui veniva attribuito il solo compito di descrivere in maniera quantitativa (ed eventualmente predire, ma non spiegare) i fenomeni naturali.

Uno dei primi tentativi di riorganizzazione del sapere venne compiuto a metà del Duecento dal francescano di Oxford Ruggero Bacone, il *Doctor Mirabilis*. In quella che possiamo considerare una vera e propria enciclopedia delle scienze, Bacone attribuisce alla matematica – *clavis et porta omnium scientiarum* – la funzione di fornire un fondamento a tutte le scienze empiriche, di ordinarle e disciplinarle. Leggiamo nel suo *Opus maius*:

Nella sola matematica vi è certezza senza dubbio. Per tale ragione è chiaro che, se in altre scienze siamo costretti a pervenire alla certezza assoluta e alla verità senza errore, è opportuno che poniamo nella matematica i fondamenti della conoscenza, fino al punto in cui, predisposti da essa, riusciremo a raggiungere [...] la verità escludendo l'errore.

La separazione tra matematica e filosofia naturale doveva, però, resistere ancora per alcuni secoli, nonostante qualche voce discorde: «Nessuna umana investigazione si può dimandare vera scienza, se essa non passa per le matematiche dimostrazioni», scrive Leonardo da Vinci nel *Trattato della pittura*. Ma nella prefazione al *De revolutionibus orbium coelestium* (1543) di Copernico, apparsa anonima ma redatta da Andreas Hosemann, latinamente Andrea Osiander, il ruolo del filosofo della natura viene ancora distinto da quello dell'astronomo matematico, che si limita a registrare le posizioni degli astri e, sulla base di ipotesi, a calcolarne i movimenti. Non è necessario, scrive Osiander, «che quelle ipotesi siano vere, anzi neppure che siano verosimili; basta solo che mostrino il calcolo in armonia con i fenomeni osservati», perché le cause dei moti «sono totalmente e semplicemente ignorate da quest'arte».

È la stessa opera di Copernico a smentire la tesi del suo prefatore e a inaugurare quella rivoluzione del pensiero che, prima con Galileo e poi con Newton, sancirà il connubio tra la matematica e la filosofia naturale (la fisica, diremmo oggi); un connubio che segna l'unificazione di funzioni gnoseologiche – *descrizione, predizione, spiegazione* – precedentemente separate, perché ritenute di pertinenza di discipline diverse per statuto e scopi. Le due figure tradizionali del sapere antico, descritte da Seneca in una delle *Lettere a Lucilio* – il filosofo che «indaga e conosce le cause dei fenomeni naturali» e il geometra che «ne calcola il numero e la misura» – si unificano nella stessa persona: non a caso Galileo, professore di matematica, insisterà per avere il titolo di Filosofo del Serenissimo Granduca. A loro volta, i *Philosophiae naturalis principia mathematica* (1687) rappresentano, fin dal titolo, il manifesto e la più ambiziosa espressione di questo programma, che Newton aveva enunciato esplicitamente già attorno al 1670, in una delle sue lezioni lucasiane:

> Spero [...] di mostrare quanto la matematica valga in filosofia naturale e quindi di esortare i geometri ad accingersi a un più stretto esame della natura, e gli amanti della scienza naturale ad appropriarsi prima della geometria [...] affinché, filosofando i geometri ed esercitando la geometria i filosofi, otteniamo, invece di congetture e cose probabili, che si smerciano ovunque, una scienza della natura finalmente confermata con la più alta evidenza.

La legge della gravitazione universale di Newton è l'esempio paradigmatico di legge matematica della natura. Descrive l'attrazione dei pianeti da parte del Sole sulla base non di un meccanismo, come faceva la teoria cartesiana dei vortici, ma di una regolarità espressa in forma algebrica. La legge permette di calcolare il moto dei pianeti, ma anche di comprenderlo, evidenziandone, grazie alla matematica, la necessità: «È sufficiente che la gravità esista di fatto, agisca secondo le leggi da noi esposte, e renda conto di tutti i movimenti dei corpi celesti e del nostro mare», conclude Newton nello Scolio Generale alla seconda edizione (1713) dei *Principia*.

La potenza della matematica come strumento di scoperta fu subito evidente non solo ai primi studiosi di meccanica, ma anche ai cultori delle scienze della vita. Tuttavia, la biologia non ha raggiunto un grado di matematizzazione paragonabile a quello della fisica. Ci sono, è vero, numerosi modelli matematici in ecologia, fisiologia, epidemiologia e neuroscienze (ne abbiamo menzionati alcuni nel cap. 3), ma scarseggiano leggi generali di carattere matematico. Le ragioni di questa situazione sono molteplici. Anzitutto, la matematica interviene solitamente là dove la quantificazione – cioè l'individuazione e la misurazione di parametri numerici – è rilevante, e questo si verifica in misura limitata nelle scienze della vita. Ma ci sono anche ragioni più profonde. Tra leggi di natura e condizioni iniziali, le scienze della vita sembrano dominate da queste ultime, che non sono assoggettabili alla matematica. Come ha osservato il genetista Edoardo Boncinelli, le leggi dei processi fisico-chimici che sono alla base dei fenomeni della vita porterebbero a risultati molto diversi se applicate a una cellula piuttosto che a un'altra, o a un genoma piuttosto che a un altro. Possiamo aggiungere, in proposito, l'autorevole opinione di Poincaré, il quale sosteneva che la matematica «ci insegna a combinare il simile con il simile» e può pertanto applicarsi solo nel caso di fenomeni elementari omogenei – condizione che non si ritrova nelle scienze della vita.

Si può anche pensare che la ridotta matematizzazione della biologia sia dovuta alla mancanza di una matematica adatta a descrivere i fenomeni del vivente – una matematica in un certo senso più «qualitativa». La teoria dei frattali e la teoria delle catastrofi (che abbiamo incontrato nel cap. 3) sono nate anche col proposito di colmare questa lacuna, e di smentire il detto di Rutherford secondo cui *Qualitative is nothing but poor quantitative* («La qualità è nient'altro che quantità scadente»). In effetti, pur con i loro limiti, queste teorie cercano di rappresentare alcuni aspetti del mondo naturale difficilmente inquadrabili nella matematica più tradizionale, come le irregolarità, le dinamiche discontinue, la morfogenesi.

Un altro punto di vista sulla matematizzazione delle scienze naturali è stato espresso da Ettore Majorana in una lettera del 1937, che sintetizzava il contenuto di un suo scritto sul metodo, andato perduto:

> Il metodo matematico non può essere di alcuna sostanziale utilità in scienze che sono attualmente estranee alla fisica. In altre parole, se un giorno si scoprirà la faccia matematica dei più semplici fatti della vita e della coscienza, questo certissimamente non accadrà per una naturale evoluzione della biologia o della psicologia, ma solo perché qualche ulteriore radicale rinnovamento dei princìpi generali della fisica permetterà di estendere il dominio in campi che le sono ancora estranei.

Majorana riteneva che l'estensione dei metodi matematici alle altre scienze sarebbe passata necessariamente per una fisicalizzazione di queste (come era già avvenuto per la chimica con l'avvento della meccanica quantistica). La sua previsione si è, in un certo modo, avverata, perché molti recenti approcci quantitativi alla biologia molecolare, all'immunologia e alle neuroscienze sono basati sull'introduzione di tecniche della fisica teorica, e in particolare della meccanica statistica.

L'invenzione matematica nella fisica

Nel *Discours préliminaire de l'Encyclopédie* (1751), Jean-Baptiste Le Rond d'Alembert criticava quei colleghi che abusavano delle applicazioni della matematica alla fisica, adottando, in mancanza di dati sperimentali, ipotesi comode per i calcoli, ma lontane da ciò che realmente capita in natura. E aggiungeva:

> Quanto a noi, più saggi, o più timidi, accontentiamoci di considerare la maggior parte di questi calcoli e di queste supposizioni vaghe come divertimenti intellettuali, ai quali la natura non è tenuta a sottomettersi; e concludiamo che il solo vero modo di filosofare in fisica consiste o nell'applicazione dell'analisi matematica alle esperienze, o nella sola osservazione illuminata dallo spirito del metodo, aiutata talvolta da congetture, quando possono fornire dei punti di vista utili, ma severamente liberata da ogni ipotesi arbitraria.

Lo stesso d'Alembert aveva messo brillantemente in pratica il metodo dell'«applicazione dell'analisi matematica alle esperienze» qualche anno prima, nel 1747, quando aveva ricavato l'equazione delle corde vibranti – una delle più importanti equazioni della fisica – e studiato le sue soluzioni.

Quello propugnato da d'Alembert era un uso fenomenologico della matematica, vicino al mondo dell'esperienza, in linea con la tradizione galileiano-newtoniana. Ma il progresso della più matematizzata delle scienze, la fisica, sarebbe stato – soprattutto nell'ultimo secolo – più lento, se i fisici teorici si fossero attenuti strettamente alla regola di d'Alembert, senza avventurarsi nel mare aperto delle matematiche.

Chi, nel Novecento, ha teorizzato con maggior vigore e coerenza la necessità della libera invenzione matematica nell'ambito della fisica è stato Paul Adrien Maurice Dirac. Il paragrafo introduttivo del suo famoso lavoro del 1931 sui monopoli magnetici contiene la precisa enunciazione di questa strategia di ricerca:

Appare probabile [...] che il progresso nella fisica debba essere associato a continue modificazioni e generalizzazioni degli assiomi che stanno alla base della matematica, piuttosto che a uno sviluppo logico di un qualche schema matematico su un fondamento fisso. [...] Il più potente metodo di avanzamento che può essere suggerito al momento consiste nell'usare tutte le risorse della matematica pura nel tentativo di perfezionare e generalizzare il formalismo matematico che costituisce la base esistente della fisica teorica, e *dopo* ogni successo in questa direzione, provare a interpretare le nuove caratteristiche matematiche in termini di entità fisiche.

Si tratta di una vera rivoluzione metodologica, che sovverte l'idea che l'obiettivo del fisico teorico sia soltanto l'elaborazione di leggi fenomenologiche capaci di dar conto di ciò che si osserva. Al contrario, secondo Dirac, bisogna coltivare liberamente la matematica, senza preoccupazioni di tipo empirico, lasciandosi guidare solo da criteri estetici, di bellezza ed eleganza; l'interpretazione fisica verrà semmai in un secondo momento. «Gran parte del mio lavoro di ricerca in fisica – scrisse nel 1984, in uno dei suoi ultimi interventi – è consistito [...] semplicemente nell'esaminare degli oggetti matematici [...] e nel provare a metterli assieme in un modo interessante, indipendentemente da ogni possibile applicazione».

Così, in effetti, era nata la sua equazione degli elettroni (che è alla base della predizione dell'antimateria). Nel 1927 egli si era accorto che, manipolando le cosiddette matrici di Pauli, tre matrici a due righe e due colonne che descrivono lo spin dell'elettrone, si poteva ottenere l'espressione dell'energia di una particella di massa nulla, e costruire un'equazione quantistica e relativistica per particelle di questo tipo. Per introdurre la massa era necessaria una quarta matrice, che però non esisteva. Dopo qualche settimana di riflessione, Dirac capì che non doveva limitarsi a considerare matrici a due righe e due colonne. Passando alle matrici a quattro righe e quattro colonne, trovò quelle che facevano al caso suo (e che sono note oggi come «matrici di Dirac»), e poté costruire con esse un'equazione d'onda coerente con i princìpi della relatività speciale e della meccanica quantistica.

Una situazione per certi aspetti analoga si verificò alla fine degli anni Sessanta del Novecento. All'epoca, uno dei problemi più spinosi nella fisica delle particelle era la comprensione del modo in cui interagiscono le particelle soggette alla forza forte – per esempio, due protoni. Non possedendo una teoria di questa forza, i fisici cercavano di estrarre delle informazioni dai processi osservabili, in particolare dagli urti. Un processo d'urto tra due particelle è descritto quantisticamente da un'ampiezza di probabilità, che, dal punto di vista matematico, è una funzione di due variabili, l'una legata all'energia delle particelle, l'altra all'angolo di deflessione dopo l'urto. Di questa ampiezza si sapeva solo che doveva essere simmetrica rispetto allo scambio delle due variabili. Nel 1968 il fisico teorico italiano Gabriele

Veneziano propose per essa un'espressione nota ai matematici, ma fino a quel momento priva di applicazioni in fisica: la funzione «beta», introdotta da Eulero nel Settecento, che dipende simmetricamente da due variabili. Come si capì presto, l'ampiezza di Veneziano nascondeva qualcosa di insospettato: descriveva l'interazione non di particelle, ma di corde (chiuse o aperte), le «stringhe». Uno dei più interessanti e promettenti programmi di ricerca della fisica contemporanea affonda, dunque, le proprie radici in un'ipotesi puramente matematica. Vedremo nel prossimo paragrafo che la teoria delle stringhe ha ricambiato il favore, arricchendo la matematica di molti importanti risultati.

La relazione inversa

Abbiamo illustrato fin qui gli usi della matematica nelle scienze della natura, quella umana inclusa. Ma esiste anche una relazione inversa: le scienze naturali – la fisica in particolare – hanno trovato applicazione in matematica, suggerendo problemi e linee di ricerca, e, in qualche circostanza, fornendo nuovi risultati.

Uno dei casi più noti di teoria matematica nata su impulso di ricerche fisiche è quello della teoria delle distribuzioni. Nella sua sistemazione formale della meccanica quantistica Dirac introdusse una strana «funzione», chiamata $\delta(x)$, che è nulla dappertutto fuorché nel punto $x = 0$, dove è infinita (la possiamo immaginare come uno spillo infinitamente lungo e sottile, piantato nell'origine). Dirac definì la δ come il limite a cui tende una gaussiana quando la sua larghezza tende a zero e la sua altezza a infinito. La peculiarità della δ è che, nonostante sia quasi ovunque nulla, il suo integrale, cioè l'area che essa racchiude, è diverso da zero, e vale 1.

La stessa funzione era già apparsa nel calcolo degli operatori inventato alla fine dell'Ottocento dal fisico e ingegnere britannico Oliver Heaviside per studiare i circuiti elettrici: un formalismo che i matematici avevano rigettato per il suo scarso rigore, salvo poi riscoprirlo attorno al 1930. Qualcosa di simile si verificò con la delta di Dirac. Sebbene i calcoli con la δ fornissero risultati corretti, il loro fondamento era incerto e persino dubbio. Racconta il matematico francese Laurent Schwartz di aver sentito parlare per la prima volta della funzione di Dirac nel 1935, in un corso universitario, e di esserne rimasto «disgustato»: «Quelle formule erano talmente folli dal punto di vista matematico che era impossibile accettarle». Ironia della sorte, fu proprio Schwartz, qualche anno dopo, a dare loro un significato rigoroso, mostrando che la δ è un esempio di una classe più ampia di entità, le distribuzioni. La morale della storia, secondo Schwartz, è che «è un bene che i fisici non aspettino una giustificazione matematica prima di procedere con le loro teorie».

Un aspetto meno frequente, ma ancor più significativo (e attuale), di quella che abbiamo chiamato la relazione inversa tra la matematica e la fisica è l'uso di metodologie e teorie fisiche per la derivazione di enunciati matematici originali. Questa procedura ha un'origine remota, risalente all'antica Grecia. Archita di Taranto (vissuto tra il V e il IV secolo a.C.) e il suo allievo Eudosso di Cnido (IV secolo a.C.) furono, probabilmente, i primi a usare dei congegni meccanici per risolvere alcuni problemi geometrici, come la duplicazione del cubo.

Ma ad applicare in maniera sistematica la meccanica alla geometria, con esiti ragguardevoli, fu Archimede (III secolo a.C.), il quale teorizzò e illustrò questa tecnica nel *Metodo*, un'opera tarda, che rappresenta probabilmente il suo testamento scientifico. Nella lettera prefatoria del trattato, indirizzata a Eratostene (il matematico che, come si ricorderà, aveva misurato la circonferenza terrestre), egli scrive di volergli riferire «le peculiarità di una particolare procedura, grazie alla quale, una volta assimilata, sarà agevole prendere le mosse per essere in grado di stabilire qualche risultato matematico in virtù di considerazioni meccaniche».

Le conquiste di Archimede in questo contesto sono ben note: egli stabilisce, per esempio, che il volume di una sfera è 2/3 di quello del cilindro circoscritto, e lo fa utilizzando la legge della leva, cioè immaginando di equilibrare una sfera e un cilindro collocati sui piatti opposti di una bilancia.

Oggigiorno, non è la meccanica a venire in aiuto della matematica, ma una delle teorie fisiche più sofisticate, la teoria delle stringhe, che ha contribuito a risolvere svariati problemi di topologia e di geometria. Le stringhe, come abbiamo visto nel capitolo 2, sono definite in uno spazio-tempo a 10 dimensioni, e le 6 dimensioni che eccedono quelle ordinarie sono organizzate in uno spazio di Calabi-Yau. Molte delle novità matematiche scoperte nel contesto della teoria delle stringhe nascono dalle proprietà sorprendenti di questi spazi. All'inizio – negli anni Sessanta del Novecento – i matematici ritenevano che gli spazi di Calabi-Yau fossero pochissimi (in effetti, se ne conosceva solo uno). Le cose cambiarono quando, nei decenni successivi, gli spazi di Calabi-Yau cominciarono a essere studiati approfonditamente dai teorici delle stringhe. Si capì allora che sono tantissimi, e che una loro proprietà topologica, la cosiddetta caratteristica di Eulero, è legata a un dato fisico, il numero di specie di particelle elementari. Costruendo migliaia di spazi di Calabi-Yau al computer, e studiando analiticamente alcune classi di modelli di stringa, si scoprì che tali spazi compaiono in coppie, con caratteristiche di Eulero uguali e opposte, e con identiche proprietà fisiche. I matematici, che conoscevano prevalentemente spazi con caratteristiche di Eulero negative, inizialmente pensarono a un abbaglio – anche perché il risultato era stato ottenuto con metodi fisici, per loro «eterodossi» – ma dovettero ricredersi. Attorno al 1991 la fisica degli spazi di Calabi-Yau permise di risolvere un importante problema di geometria enumerativa, che aspettava da tempo una risposta. Calcolando l'ampiezza d'urto di due stringhe – che si ottiene sommando *à la* Feynman tutte le possibili traiettorie – i fisici teorici furono in grado di determinare precisamente il numero di curve di vario grado esistenti su un certo tipo di spazi di Calabi-Yau. Il numero di curve di primo grado (le rette) e il numero di curve di secondo grado (le coniche) erano noti, ma il numero di curve di terzo grado no. Per la cronaca, il valore che i fisici ottennero fu 317.206.375. Pressoché contemporaneamente, un gruppo di matematici calcolò – con un programma al computer – lo stesso numero, ottenendo un valore totalmente diverso. Le due comunità si confrontarono per alcuni mesi, difendendo ognuna i propri risultati e i propri metodi, finché non si scoprì un banale errore nel programma usato dai matematici. Dopo averlo eliminato, il numero di curve risultò essere esattamente quello trovato dai teorici delle stringhe. La fisica aveva risolto correttamente il problema, a modo suo.

Ipotesi sul futuro

Che ruolo giocherà la matematica nella descrizione finale dell'universo, nella cosiddetta «teoria del tutto»? Una tesi estrema è stata espressa da Richard Feynman nel suo libro *La legge fisica* (1965). Distinguendo tra una rappresentazione del mondo in termini matematici, e una in termini di meccanismi (cioè di azioni elementari tra corpi), Feynman immagina che la teoria ultima possa essere del secondo tipo, cioè che alla fine «la fisica non avrà più bisogno di un'enunciazione matematica, [...] il meccanismo sarà svelato e le leggi appariranno semplici, come una scacchiera con tutte le sue difficoltà solo apparenti».

Un'altra idea radicale è stata proposta dal maestro di Feynman, un fisico teorico di grande inventiva, John Archibald Wheeler. La tesi di Wheeler è che dopo la prima era della fisica, quella di Galileo e Keplero, caratterizzata dalla descrizione quantitativa del mondo, e la seconda era, inaugurata da Newton e ancora in corso, caratterizzata dalle leggi matematiche della natura, ci sarà una terza era, quella del caos dietro le leggi, o della «legge senza legge». Secondo Wheeler si arriverà a scoprire che al fondo di tutto c'è una miriade di eventi quantistici elementari, totalmente caotici, dai quali le leggi di natura emergerebbero grazie a un principio regolatore. Si pensi, per esempio, alla distribuzione di Maxwell-Boltzmann della meccanica statistica. Le molecole di un gas si dispongono sui vari livelli di energia accessibili con una probabilità che decresce esponenzialmente con l'energia *E*, secondo la legge $e^{-E/kT}$, dove *T* è la temperatura assoluta e *k* è la costante di Boltzmann (il che significa che, all'aumentare dell'energia, i livelli sono sempre meno occupati). Questa legge matematica si ottiene, per grandi numeri di particelle, dalla combinatoria delle disposizioni delle molecole, una volta che si fissi l'energia totale (questo è il principio regolatore). Wheeler ipotizza che qualcosa del genere si verifichi per tutte le leggi matematiche fondamentali della natura, che affiorerebbero quindi da un substrato caotico.

Ma proviamo a seguire una strada diversa, procedendo per estrapolazione dalle teorie che conosciamo. Queste contengono, da un lato, delle strutture matematiche, dettate da criteri generali (simmetria, rinormalizzabilità, ecc.); dall'altro, dei parametri numerici arbitrari. Perfezionare queste teorie significa ridurre il numero dei parametri arbitrari, arrivando – al limite – a eliminarli. Una teoria «razionale», come diceva Einstein, non dovrebbe porre niente in partenza, ma derivare tutto. Come si può realizzare questo ideale? Gli unici numeri che saremmo forse disposti a veder comparire nella teoria finale sono quelli «inventati da Dio», secondo il famoso detto di Leopold Kronecker, cioè i numeri naturali. Uno di questi numeri potrebbe indicare la dimensionalità dello spazio-tempo, altri potrebbero rappresentare delle cariche quantizzate, e così via. L'arbitrarietà sarebbe sicuramente ridotta, ma non eliminata: perché proprio quei numeri e non altri? A voler essere ancora più restrittivi, potremmo allora pensare di accettare nella teoria solo la triade 0, 1, ∞. Con lo zero e l'uno, però, si può fare poco: non rimane, dunque, che l'infinito. In un suo *divertissement* teorico, il fisico Tullio Regge ha immaginato proprio questo scenario: una teoria dominata dall'infinito. La congettura «fantascientifica» di Regge è che le leggi fisiche fondamentali possiedano un gruppo di simmetria di dimensione infinita e che il numero di dimensioni dello spaziotempo sia anch'esso infinito. Anzi, per eliminare l'esteticamente fastidiosa asimmetria tra tempo e spazio, Regge immagina che tutte le infinite dimensioni dell'universo siano di tipo spaziale; il tempo emergerebbe da una di esse attraverso un espediente matematico, una rotazione nel campo complesso (che produrrebbe quella famosa differenza di segno nella metrica di Minkowski fra il termine temporale e quello spaziale – vedi il cap. 2).

Regge fa un'altra suggestiva ipotesi: che la teoria finale sia non computabile, nel senso logico-matematico del termine. A partire dai fondamentali studi di Kurt Gödel e di Alan Turing, sappiamo che ci sono numeri che non possono essere calcolati e problemi che non ammettono algoritmi risolutivi. Le teorie parziali di cui disponiamo sono algoritmi che ci permettono di calcolare il mondo, ma la teoria del tutto potrebbe forse essere radicalmente diversa, non algoritmica.

Un classico problema indecidibile della matematica riguarda proprio gli spazi quadridimensionali rilevanti per la fisica. Non esiste alcun algoritmo per decidere se due spazi di questo tipo siano topologicamente equivalenti, cioè deformabili l'uno nell'altro in maniera continua, senza tagli e incollature. I fisici teorici Robert Geroch e James Hartle hanno ipotizzato che tale indecidibilità possa in qualche modo emergere in una teoria quantistica della gravità. Così come in meccanica quantistica si somma su tutte le «storie» di una particella, cioè su tutte le sue possibili traiettorie (vedi il cap. 3), in gravità quantistica si somma su tutte le geometrie quadridimensionali, cioè su tutti gli spazi possibili. Per ottenere il risultato corretto, però, bisogna poter distinguere le geometrie, e non contare più di una volta quelle equivalenti. Ma, come abbiamo detto, non esistono (e non possono esistere) algoritmi in grado di operare questa distinzione.

Ci stiamo evidentemente muovendo sul terreno della pura speculazione; tuttavia, è intrigante immaginare che il punto più alto e più profondo della comprensione della natura possa coincidere con il punto più alto e più profondo della riflessione (meta)matematica. Forse, giunti sul punto di svelare il segreto del Grande Vecchio – come direbbe Einstein –, scopriremo che esso è avvolto in una nube di incalcolabilità.

Matematica e realtà

In un saggio del 1939, *La relazione tra la matematica e la fisica*, Dirac osservava, a proposito del metodo matematico in fisica, che non c'è alcuna ragione logica che lo giustifichi e ne spieghi il successo: semplicemente funziona, e produce buoni risultati. Vent'anni dopo, un altro grande fisico teorico, Eugene Wigner – peraltro cognato di Dirac, che ne aveva sposato la sorella – intervenne sulla medesima questione in una celebre conferenza intitolata *L'irragionevole efficacia della matematica nelle scienze naturali.* «L'enorme utilità della matematica nelle scienze naturali – notava Wigner – è qualcosa che confina col mistero, e non ammette una spiegazione razionale».

Se Wigner si limitava a prendere atto dell'efficacia della matematica, e la elevava a «legge empirica dell'epistemologia», fondamento indispensabile delle teorie fisiche, per Dirac, invece, essa rifletteva una proprietà intrinseca del mondo naturale. «Il matematico – scriveva il teorizzatore dell'antimateria – partecipa a un gioco di cui inventa le regole, mentre il fisico partecipa a un gioco le cui regole sono fornite dalla Natura, ma con il passare del tempo diventa sempre più evidente che le regole che il matematico trova interessanti sono le stesse che ha scelto la Natura».

Con una sfumatura quasi religiosa Wigner ammetteva che «il miracolo dell'adeguatezza del linguaggio matematico per la formulazione delle leggi della fisica rappresenta uno splendido dono che non siamo in grado di comprendere e che non ci siamo meritati». Dirac, da parte sua, poteva condividere con il cognato la «speranza che tutto ciò rimanga valido anche per il futuro, e che anzi si estenda [...] a sempre nuovi campi del sapere», ma qualcosa del suo giovanile ateismo gli impediva di far troppo conto su questa sorta di Provvidenza divina (il suo motto – notava Wolfgang Pauli – poteva a buon diritto essere: «Non c'è nessun Dio. E Dirac è il suo profeta»).

Quella che Dirac chiamava «la qualità matematica della natura» rimane un intrico di coincidenza e di mistero. Quando Galileo dichiarava che il mondo non è altro che un libro stampato in caratteri geometrici, aveva almeno la garanzia che era stato Dio stesso a compilare quel libro; il grande fisico britannico si limitava invece a constatare che «ciò che colpisce in qualsiasi teoria fisica ben riuscita è la sua grande bellezza matematica». Ma ovviamente c'è sempre chi potrebbe ribattere, come fa un personaggio di un celebre giallo, *Il grande mistero di Bow* (1891) di Israel Zangwill: «Al diavolo la Bellezza! Datemi la Verità».

Perché il mondo debba essere *intrinsecamente* matematico, non l'ha ancora spiegato nessuno – né Platone, né Galileo, né Einstein, né Dirac – a meno di non voler ricorrere all'imperscrutabile volontà di un qualche creatore. Dire che l'intero universo è fatto in modo che numeri e figure si rivelino strumenti utili per la sua descrizione ci ricorda la battuta di Karl Popper (rivolta originariamente contro la filosofia hegeliana dell'identità – ciò che è reale è razionale, e viceversa): «Come può la lingua inglese descrivere il mondo?» Risposta: «Perché il mondo è intrinsecamente inglese!».

A questa bizzarra giustificazione teologico-metafisica può essere contrapposta una concezione più propriamente metodologica del rapporto tra matematica e natura, che esclude qualunque «filosofia dell'identità» e rimanda a quella potente unificazione delle tre fondamentali funzioni gnoseologiche cui abbiamo accennato in precedenza come a una delle caratteristiche più pregnanti della scienza moderna.

Nel primo abbozzo (1842) dell'opera che sarebbe stata poi pubblicata come *L'origine delle specie* (1859), Charles Robert Darwin chiedeva retoricamente: che direbbe un astronomo a proposito di chi dopo Newton sostenesse ancora che «il Creatore ha voluto che ogni singolo pianeta si muovesse nella sua orbita particolare»? Il grande naturalista paragonava tutto ciò alla bizzarra tesi avanzata da qualcuno che, pur riconoscendo che parecchi gruppi di organismi viventi ed estinti usualmente «mostrano i segni di una discendenza comune», si intestardisse a dichiarare che essi «furono creati separatamente [...] secondo le volontà di un Creatore Onnisciente». L'analogia proposta da Darwin è appropriata. Newtonianesimo e darwinismo, infatti, hanno in comune la riduzione di ciò che altrimenti resterebbe arbitrario nella descrizione del *corpus* pertinente di dati empirici. Questa caratterizzazione della spiegazione scientifica come atto necessitante, in confronto all'arbitrarietà della mera descrizione, è stata particolarmente enfatizzata da matematici con una grande propensione per la (buona) filosofia, come Hermann Weyl e René Thom. Nel 1925 il primo notava in modo icastico che solo una teoria «permette alla coscienza di saltare al di là della propria ombra», cioè di «rappresentare il trascendente», seppur «solo in simboli». Il secondo, negli anni Ottanta del secolo scorso, ribadiva qualcosa di analogo circa il superamento della frammentarietà della nostra esperienza; ma ammetteva che la percezione dell'arbitrario è alquanto soggettiva: varia con le culture e magari con gli individui entro la stessa cultura («una certa spiegazione di fatti per mezzo dell'azione magica, che una certa società accoglie come evidente, sarà rifiutata da un'altra società come assurda»). Si esce da questa difficoltà riconoscendo la pervasività di calcolo e geometria, che garantiscono buoni livelli di intersoggettività, almeno là dove la matematizzazione è adeguata. Più precisamente, la spazializzazione dei concetti operata in via geometrica e la generatività delle formule consentita dal Calcolo permettono agli individui più diversi, provenienti dalle tradizioni culturali più varie, di lavorare fruttuosamente a un programma scientifico ove i punti di partenza (gli «assiomi» nella terminologia dei logici) siano «provvisti di un contenuto semantico» che fa del sistema che definiscono qualcosa di più di un puro «gioco formale».

Contro tutti gli Osiander di questo mondo, Galileo rivendicava coraggiosamente nel *Saggiatore* il diritto a desiderare «la vera costituzione dell'universo». Certo, si tratta di un desiderio! Niente garantisce in partenza il successo delle nostre teorizzazioni. Ma nei casi più felici la *spiegazione* come riduzione dell'arbitrario nella *descrizione* dei fatti comporta la *predizione* di fatti nuovi che costituiscono importanti conferme del punto di vista adottato. Il matematismo di Newton ha avuto il suo trionfo non solo con le orbite di comete e di pianeti, ma anche con il moto dei proiettili e lo studio quantitativo delle maree; quello di Einstein ha avuto uno straordinario successo predittivo con il calcolo della deflessione gravitazionale della luce. Ciò che a priori si può e si deve fare è lasciar proliferare i differenti progetti, garantendo loro quell'indipendenza da condizionamenti esterni che è stata al centro della scienza moderna almeno da Galileo. Se, come stiamo sostenendo, la matematizzazione non è semplicemente una sistematizzazione di conoscenze preesistenti, ma una vera e propria euristica – una via per la scoperta (con l'importante conseguenza di ricadute rivoluzionarie sullo stesso patrimonio delle matematiche «pure»), il segreto del suo successo sta probabilmente in quella che, con felice intuizione, il matematico Georg Cantor considerava l'essenza della matematica: la sua libertà. Negli ultimi due secoli questo aspetto è diventato sempre più evidente. La matematica si è affrancata da vincoli troppo rigidi con l'intuizione sensibile. L'invenzione di nuove forme – come osservava André Weil – non è un processo univocamente determinato da una sorta di disegno divino. Sotto questo profilo – diceva Weil alla sorella Simone in una lettera del febbraio 1940 – la matematica «non è nient'altro che un'arte, una specie di scultura in un materiale estremamente duro e resistente (come certi porfidi usati a volte, credo, dagli scultori)». In questo paziente lavoro il matematico, inventando nuove forme, finisce con lo scoprire le strutture profonde del reale.

L'approccio che abbiamo adottato non esclude un'obiezione piuttosto maliziosa: non sarà forse che i matematici danno l'impressione di accumulare successi nella loro opera di descrizione-spiegazione-predizione dei fatti del mondo solo perché sono molto accorti nel passare sotto silenzio i loro fallimenti? Abbiamo già enfatizzato, per esempio, la ridotta matematizzazione delle scienze della vita, o l'assenza di predittività di alcuni modelli (quelli della teoria delle catastrofi, ma non solo). Eppure, casi del genere non ci paiono lacune incolmabili ma indizi, piuttosto, della necessità di una ridefinizione dei problemi e dei modelli (più o meno astratti) ideati per risolverli. Uno dei nostri esempi preferiti è, al proposito, il cosiddetto problema dei tre corpi: la determinazione delle orbite descritte da tre masse che si attraggono reciprocamente secondo la legge newtoniana di gravitazione (si pensi, in concreto, al calcolo dell'orbita di un pianeta attorno al Sole, tenendo conto anche dell'attrazione di un pianeta vicino). Il problema è strettamente legato alla questione della stabilità del sistema: l'appurare se il sistema abbia una soluzione divergente o invece tenda, al passare del tempo, verso un regime stazionario e periodico. Pur impegnandosi non poco, il grande Newton non riuscì a venire matematicamente a capo della questione, e a escludere che «l'elegante compagine del Sole, dei pianeti e delle comete» potesse un giorno disgregarsi o collassare. Da Poincaré in poi sappiamo che il problema non ammette una soluzione analitica esatta, e va affrontato approssimativamente (ipotizzando, per esempio, che una delle masse sia molto piccola) o numericamente. Resta il fatto che esso si è rivelato altamente produttivo. Nel 1846 il pianeta Nettuno fu scoperto sulla base delle predizioni dei matematici Urbain Le Verrier e John Couch Adams, i quali avevano congetturato che certe irregolarità nel moto di Urano fossero dovute all'attrazione gravitazionale di un pianeta sconosciuto. Questo risultato – come sottolinea lo storico della matematica Umberto Bottazzini – fu «un trionfo sia della meccanica newtoniana sia della potenza dell'analisi matematica». Il segreto di tale «potenza» è già nell'istruzione galileiana: «difalcare gli impedimenti della materia». Ed è proprio questa istruzione, come abbiamo visto nel capitolo 3, che fa della matematizzazione un'arte: la ragione scientifica non è solo ragione calcolante (lo è ovviamente, e in maniera rilevantissima), ma anche capacità di scelta. È sempre qualche frammento di una teoria matematica della natura a dirci quali parametri di un sistema sono significativi e quali trascurabili, che cosa approfondire e che cosa tralasciare (magari solo momentaneamente); a farci imboccare delle vie e magari, con qualche *no go theorem*, a indicarci che quella su cui ci siamo messi è un vicolo cieco. È un rischio, tuttavia, che vale la pena di correre; e dove non è possibile assumersi rischi del genere, l'indagine ristagna.

Può darsi che su non poche pagine di uno dei tanti libri che costituiscono la biblioteca matematica del Mondo ci sia scritto: «Fin qui e non oltre». Ma conviene continuare a scartabellare, seguendo un celebre consiglio di d'Alembert a proposito dei discussi fondamenti del calcolo infinitesimale: «Andate avanti, e la fede vi verrà». Sotto il profilo adottato in queste pagine, a dire il vero, non c'è nemmeno bisogno di una qualche «fede» in un fondamento certo e definitivo. Può darsi che cogliesse nel segno il filosofo e matematico Imre Lakatos, quando – con un pizzico di hegelismo – diceva: «I fondamenti non si raggiungono mai; ma l'astuzia della ragione tramuta ogni aumento di rigore in un aumento di contenuto».

Bibliografia

Bibliografia

Opere di carattere generale

C. Bartocci e P. Odifreddi (a cura di), *La matematica*, 4 voll., Torino, Einaudi, 2007-2011.

U. Bottazzini, *Il flauto di Hilbert. Storia della matematica moderna e contemporanea*, Torino, UTET, 1990.

C.B. Boyer, *Storia della matematica*, Milano, Mondadori, 1990.

R. Courant e H. Robbins, *Che cos'è la matematica?*, Torino, Bollati Boringhieri, 2000.

J. Dieudonné, *Panorama des mathématiques pures. Le choix bourbachique*, Paris, Gauthier-Villars, 1977.

J. Dieudonné (a cura di), *Abrégé d'histoire des mathématiques*, Paris, Hermann, 1996.

G. Glaeser e K. Polthier, *Immagini della matematica*, Milano, Springer Italia/Raffaello Cortina, 2013.

M. Kline, *La matematica nella cultura occidentale*, Milano, Feltrinelli, 1976.

M. Kline, *Mathematics and the Physical World*, New York, Dover, 1981.

M. Kline, *Storia del pensiero matematico*, Torino, Einaudi, 1991.

W. Maraschini e M. Palma (a cura di), *Enciclopedia della matematica*, Milano, Garzanti, 2013.

P. Odifreddi, *La matematica del Novecento*, Torino, Einaudi, 2000.

Riferimenti bibliografici per i singoli capitoli

Introduzione

I.B. Cohen, *La nascita di una nuova fisica*, Milano, Il Saggiatore, 1974.

J. Swift, *I viaggi di Gulliver*, trad. it. di C. Formichini, a cura di M. D'Amico, Milano, Mondadori, 1990.

Capitolo 1

D. Adams, *Guida galattica per gli autostoppisti*, Milano, Mondadori, 2014.

U. Bottazzini, *Numeri*, Bologna, Il Mulino, 2015.

S. Drake, *Galileo Galilei pioniere della scienza*, Padova, Franco Muzzio, 1992.

R.P. Feynman, *QED. La strana teoria della luce e della materia*, Milano, Adelphi, 2003.

P. Greco, *Storia di π*, Roma, Carocci, 2016.

P. Høeg, *Il senso di Smilla per la neve*, Milano, Mondadori, 1996.

M. Livio, *L'equazione impossibile*, Milano, Rizzoli, 2005.

G. Lolli, *Numeri. La creazione continua della matematica*, Torino, Bollati Boringhieri, 2015.

F. Reif, *La fisica di Berkeley. Fisica statistica*, Bologna, Zanichelli, 1974.

L. Susskind e A. Friedman, *Meccanica quantistica*, Milano, Raffaello Cortina, 2015.

H. Weyl, *Filosofia della matematica e delle scienze naturali*, Torino, Boringhieri, 1967.

Capitolo 2

E.A. Abbott, *Flatlandia*, a cura di M. Emmer, trad. it. di C. D'Amico, Torino, Bollati Boringhieri, 2008.

V. Barone, *Relatività. Princìpi e applicazioni*, Torino, Bollati Boringhieri, 2004.

V. Barone, *L'ordine del mondo. Le simmetrie in fisica da Aristotele a Higgs*, Torino, Bollati Boringhieri, 2013.

L. Carroll, *Alice*, trad. it. di M. D'Amico, Milano, Rizzoli 2010.

H.S.M. Coxeter, *Introduction to Geometry*, New York, John Wiley, 1969.

L. Cresci, *Le curve matematiche tra curiosità e divertimento*, Milano, Hoepli, 2005.

U. Eco, *Sugli specchi e altri saggi*, Milano, Bompiani, 1985.

A. Einstein, *Le due relatività*, a cura di V. Barone, Torino, Bollati Boringhieri, 2015.

M. Emmer, *La perfezione visibile. Matematica e arte*, Roma-Napoli, Theoria, 1991.

G. Galilei, *Discorsi e dimostrazioni intorno a due nuove scienze*, a cura di E. Giusti, Torino, Einaudi, 1990.

M. Gardner, *L'universo ambidestro*, Bologna, Zanichelli, 1984.

J.B.S. Haldane, *Della misura giusta*, Milano, Garzanti, 1987.

M. Hamermesh, *Group Theory and its Applications to Physical Problems*, Reading (MA), Addison-Wesley, 1962.

I. Kant, *Scritti precritici*, Roma-Bari, Laterza, 2000.

M. Livio, *La sezione aurea*, Milano, Rizzoli, 2003.

M. Malvaldi, *Argento vivo*, Palermo, Sellerio, 2013.

B. Mandelbrot, *Gli oggetti frattali. Forma, caso e dimensione*, Torino, Einaudi, 1987.

I. Newton, *Il sistema del mondo*, a cura di P. Casini, Roma, Theoria, 1983.

G. Polya, *Metodi matematici per l'insegnamento delle scienze fisiche*, Bologna, Zanichelli, 1979.

M. Schroeder, *Fractals, Chaos, Power Laws*, New York, W.H. Freeman, 1991.

D.W. Thompson, *Crescita e forma*, Torino, Bollati Boringhieri, 1992.

H.G. Wells, *La macchina del tempo*, trad. it. di P. Carabelli, Milano, Mursia, 2013.

Capitolo 3

H. Blumenberg, *La leggibilità del mondo*, Bologna, Il Mulino, 1984.

R.P. Davis, *Arthur Griffith and Non-Violent Sinn Fein*, Dublin, Anvil Books, 1974.

P. Duhem, *La teoria fisica*, Bologna, Il Mulino, 1978.

Equazioni, in «Asimmetrie», Istituto Nazionale di Fisica Nucleare, n. 19, 2015.

G. Galileo, *Opere*, a cura di F. Brunetti, 2 voll., Torino, UTET, 1980.

G. Galileo, *Il Saggiatore*, Milano, Feltrinelli, 1992.

G. Geymonat e G. Giorello, *Calcolo*, in *Enciclopedia*, vol. 2, Torino, Einaudi, 1977.

G. Geymonat e G. Giorello, *Modello*, in *Enciclopedia*, vol. 9, Torino, Einaudi, 1980.

L. Geymonat, *Riflessioni critiche su Kuhn e Popper*, Bari, Dedalo, 1983.

G. Giorello, *Lo spettro e il libertino*, Milano, Mondadori, 1985.

S. Hildebrandt e A. Tromba, *Principi di minimo. Forme ottimali in natura*, Pisa, Edizioni della Normale, 2006.

G. Israel, *Modelli matematici*, Roma, Editori Riuniti, 1986.

G. Israel, *La visione matematica della realtà*, Roma-Bari, Laterza, 1996.

E. Lorenz, *The Essence of Chaos*, Seattle, University of Washington Press, 1995.

R.G. Newton, *Il pendolo di Galileo*, Torino, Bollati Boringhieri, 2008.

J.-H. Poincaré, *Scienza e metodo*, a cura di C. Bartocci, Torino, Einaudi, 1997.

D. Ruelle, *Caso e caos*, Torino, Bollati Boringhieri, 1998.

R. Thom, *Parabole e catastrofi. Intervista su matematica,*

scienza e filosofia, a cura di G. Giorello e S. Morini, Milano, Il Saggiatore, 1980.

C. Toffalori, *Algoritmi*, Bologna, Il Mulino, 2015.

T. Tonietti, *Catastrofi. Il preludio alla complessità*, Bari, Dedalo, 2002.

A. Vulpiani, *Determinismo e caos*, Roma, La Nuova Italia Scientifica, 1994.

E.C. Zeeman, *La teoria delle catastrofi*, in «Le Scienze», n. 96, agosto 1976.

Capitolo 4

Archimede, *Metodo*, a cura di F. Acerbi, C. Fontanari e M. Guardini, Torino, Bollati Boringhieri, 2013.

R. Bacone, *Filosofia, scienza, teologia. Dall'«Opus Maius»*, a cura di V. Sorge e F. Seller, Roma, Armando, 2010.

J.D. Barrow, *Perché il mondo è matematico?*, Roma-Bari, Laterza, 1992.

E. Boncinelli, *Biologia fuori legge*, in «Asimmetrie», n. 19, 2015, pp. 42-43.

E. Boncinelli e U. Bottazzini, *La serva padrona. Fascino e potere della matematica*, Milano, Cortina, 2000.

G. Cantor, *Gesammelte Abhandlungen mathematischen und philosophischen Inhalts*, Berlin, Springer, 1932.

N. Copernico, *Opere*, a cura di F. Barone, Torino, UTET, 1979.

C.R. Darwin, *L'origine delle specie. Abbozzo del 1842*, a cura di T. Pievani, Torino, Einaudi, 2009.

P.A.M. Dirac, *Pretty Mathematics*, in «International Journal of Theoretical Physics», n. 21, 1982, pp. 603-605.

P.A.M. Dirac, *La bellezza come metodo. Saggi e riflessioni su fisica e matematica*, a cura di V. Barone, Milano, Indiana, 2013.

G. Farmelo, *L'uomo più strano del mondo, Vita segreta di Paul Dirac, il genio dei quanti*, Milano, Raffaello Cortina, 2013.

R.D. Feynman, *La legge fisica*, Torino, Bollati Boringhieri, 1993.

P. Galison, *Mirror Symmetry: Persons, Values and Objects*, in *Growing Explanations. Historical Perspectives on Recent Science*, a cura di M.N. Wise, Durham, Duke University Press, 2004.

R. Geroch e J.B. Hartle, *Computability and Physical Theories*, in «Foundations of Physics», n. 16, 1986, pp. 533-550.

N. Guicciardini, *Newton*, Roma, Carocci, 2011.

I. Lakatos, *Dimostrazioni e confutazioni. La logica della scoperta matematica*, Milano, Feltrinelli, 1979.

J.-B. Le Rond d'Alembert, *Discorso preliminare*, in *Enciclopedia o dizionario ragionato delle scienze, delle arti e dei mestieri*, vol. 1, Milano, Feltrinelli, 1966.

G. Lolli, *Tavoli, sedie, boccali di birra. David Hilbert e la matematica del Novecento*, Milano, Raffaello Cortina, 2016.

A. Milani, *Stabilità/instabilità*, in *Enciclopedia*, vol. 13, Torino, Einaudi, 1981.

I. Newton, *Principi matematici della filosofia naturale*, a cura di A. Pala, Torino, UTET, 1989.

R. Penrose, *Il grande, il piccolo e la mente umana*, Milano, Cortina, 2000.

R. Penrose, *La strada che porta alla realtà*, Milano, Rizzoli, 2015.

J.-H. Poincaré, *La scienza e l'ipotesi*, a cura di C. Sinigaglia, Milano, Bompiani, 2012.

T. Regge, *A Science Fiction Scenario*, in *Old and New Problems in Fundamental Physics*, Pisa, Scuola Normale Superiore, 1986.

S. Roncoroni, *Genesi dell'articolo postumo di Ettore Majorana*, in «Nuova Storia Contemporanea», XVI, n. 2, marzo-aprile 2012.

L. Russo, *La rivoluzione dimenticata*, Milano, Feltrinelli, 1996.

L. Schwartz, *Un mathématicien aux prises avec le siècle*, Paris, Odile Jacob, 1997.

L.A. Seneca, *Lettere a Lucilio*, a cura di U. Boella, Torino, UTET, 1951.

R. Thom, *Il razionale e l'intelligibile*, in P. Rossi (a cura di), *La nuova ragione. Scienza e cultura nella società contemporanea*, Bologna, Scientia/Il Mulino, 1981.

A. Weil, *La fredda bellezza. Dalla metafisica alla matematica*, a cura di N. Argentieri, Roma, Castelvecchi, 2014.

E. Wigner, *The Unreasonable Effectiveness of Mathematics in the Natural Sciences* (1959), in *Symmetries and Reflections*, Woodbridge (CT), Ox Bow Press, 1979.

I. Zangwill, *Il grande mistero di Bow*, Milano, Polillo, 2008.

Indice dei nomi

Indice dei nomi

Abbott, Edwin Abbott (1838-1925), 77, 82, 83
Abel, Niels Henrik (1802-1829), 33
Adams, Douglas (1952-2001), 13
Adams, John Couch (1819-1892), 188
Alembert, Jean-Baptiste Le Rond d' (1717-1783), 79, 172, 189
Alighieri, Dante (1265-1321), 133, 134
Anderson, Carl David (1905-1991), 105
Apollonio di Perga (ca. 262 a.C. - ca. 190 a.C.), 8, 9
Archimede (ca. 287 a.C. - 212 a.C.), 50, 70, 71, 93, 95, 177
Archita di Taranto (ca. 430 a.C. - ca. 360 a.C.), 176
Aristotele (384 a.C. - 322 a.C.), 24
Avogadro, Amedeo (1776-1856), 20, 21, 23, 25, 30

Bacone, Ruggero (Roger Bacon) (1214-1294), 167
Barlow, William (1845-1934), 96
Beltrami, Eugenio (1835-1900), 110
Berkeley, George (1685-1753), 123
Bernoulli, Jakob (1654-1705), 70, 72, 161
Bernoulli, Johann (1667-1748), 160, 161
Bledsoe, Albert Taylor (1809-1877), 122
Block, Richard Earl (1931), 38
Blumenberg, Hans (1920-1996), 115
Boccaccio, Giovanni (1313-1375), 160
Bohr, Niels (1885-1962), 16, 17, 18
Boltzmann, Ludwig (1844-1906), 30, 179, 180
Bolyai, János (1802-1860), 109
Bombelli, Raffaele (1526-1572), 33, 41
Boncinelli, Edoardo (1941), 170
Born, Max (1882-1970), 42, 47
Bottazzini, Umberto (1947), 188
Brahe, Tycho (1546-1601), 64
Bravais, Auguste (1811-1863), 95, 96
Brown, Robert (1773-1858), 21

Calabi, Eugenio (1923), 83, 177, 178

Cantor, Georg (1845-1918), 187
Cardano, Gerolamo (1501-1576), 33, 103
Carroll, Lewis *vedi* Dodgson, Charles
Cartesio (René Descartes) (1596-1650), 41, 70, 71
Cassini, Gian Domenico (1625-1712), 31
Cauchy, Augustin-Louis (1789-1857), 123
Cayley, Arthur (1821-1895), 35, 48
Ceulen, Ludolph van (1540-1610), 51
Chevalier, Auguste (1809-1868), 32
Clausius, Rudolf (1822-1888), 30
Copernico, Niccolò (1473-1543), 8, 64, 168
Cronin, James Watson (1931), 106
Curl, Robert Floyd (1933), 94

D'Ancona, Umberto (1896-1964), 143, 144
Darwin, Charles Robert (1809-1882), 78, 184, 185
Davis, Jefferson Finis (1808-1889), 122
Davis, Richard P. (1935), 158
Dini, Piero (?-1625), 145
Dirac, Paul Adrien Maurice (1902-1984), 56, 58, 103, 104, 105, 127, 173-176, 182-184
Dodgson, Charles Lutwige (1832-1898), 99
Doyle, Arthur Conan (1859-1930), 78
Drake, Stillman (1910-1993), 51, 52
Duhem, Pierre (1861-1916), 147

Eddington, Arthur Stanley (1882-1944), 19
Einstein, Albert (1879-1955), 16, 21, 78, 81, 82, 104, 112, 127, 180, 182, 184, 186
Eratostene di Cirene (ca. 275 a.C. - ca. 195 a.C.), 61, 62, 177
Erone di Alessandria (I sec. d.C.), 162
Escher, Maurits Cornelis (1898-1972), 97
Euclide (IV sec. a.C.-III sec. a.C.), 62, 107, 108, 162
Eudosso di Cnido (408 a.C.-355 a.C.), 176
Eulero (Leonhard Euler) (1707-1783), 53, 54, 55, 94, 95, 123, 137, 161, 163, 175, 178

Fëdorov, Evgraf Stepanovič (1853-1919), 96
Fermat, Pierre de (1601-1665), 162, 163
Ferrari, Lodovico (1522-1565), 33
Feynman, Richard Phillips (1918-1988), 19, 58, 165, 178, 179
Fitch, Val Logsdon (1923-2015), 106
Fourier, Joseph (1768-1830), 131, 132

Frenkel, Yakov Il'ich (1894-1952), 56
Fuller, Richard Buckminster (1895-1983), 94

Galilei, Galileo (1564-1642), 14, 31, 51-53, 55, 64, 69, 73, 74, 115-120, 125, 141, 145, 168, 169, 179, 183, 184, 186
Galois, Évariste (1811-1832), 32, 34, 37
Gauss, Carl Friedrich (1777-1855), 28, 33, 108, 109, 110, 112
Gell-Mann, Murray (1929), 38, 39
Geroch, Robert (1942), 182
Geymonat, Ludovico (1908-1991), 140
Girard, Albert (1595-1632), 41
Gödel, Kurt (1906-1978), 181
Grassi, Orazio (1583-1654), 115
Griffith, Arthur (1871-1922), 158

Hadamard, Jacques (1865-1963), 146
Haeckel, Ernst (1834-1919), 92
Haldane, John Burdon Sanderson (1892-1964), 75
Halley, Edmond (1656-1742), 8, 9, 67
Hamermesh, Morton (1915-2003), 93
Hamilton, William Rowan (1805-1865), 164
Hartle, James Burkett (1939), 182
Hausdorff, Felix (1868-1942), 86, 88
Haüy, René-Just (1743-1822), 95
Heaviside, Oliver (1850-1925), 176
Heisenberg, Werner (1901-1976), 47, 49, 50
Hessel, Johann Friedrich Christian (1796-1872), 95
Higgs, Peter Ware (1929), 153
Hilbert, David (1862-1943), 47
Høeg, Peter (1957), 47
Hooke, Robert (1635-1703), 9, 66, 129, 130
Hosemann, Andreas *vedi* Osiander, Andrea
Huygens, Christiaan (1629-1695), 31, 32

Ipparco di Nicea (ca. 190 a.C. - ca. 120 a.C.), 63

Jacobi, Carl Gustav Jacob (1804-1851), 150, 151
Jones, David E.H. (1938), 95
Jordan, Camille (1838-1922), 35
Joyce, James (1882-1941), 39

Kaluza, Theodor (1885-1954), 82
Kant, Immanuel (1724-1804), 83, 100
Kasner, Edward (1878-1955), 135
Kelvin, Lord *vedi* Thomson, William
Keplero (Johannes Kepler) (1571-1630), 8, 64, 66, 67, 76, 90, 91, 179
Klein, Oskar (1894-1977), 82

Koch, Helge von (1870-1924), 86, 88
Kronecker, Leopold (1823-1891), 180
Kroto, Harold (1939-2016), 94

Lagrange, Joseph-Louis (1736-1813), 33, 123, 163
Lakatos, Imre (1922-1974), 189
Lambert, Johann Heinrich (1728-1777), 108
Laplace, Pierre-Simon de (1749-1827), 123, 147
Laue, Max Theodor Felix von (1879-1960), 96
Lautréamont (Isidore Lucien Ducasse) (1846-1870), 7
Lee, Tsung-Dao (1926), 102
Leibniz, Gottfried Wilhelm von (1646-1716), 51, 121, 122, 126, 145, 161
Leonardo da Vinci (1452-1519), 168
Leopardi, Giacomo (1798-1837), 145
Le Verrier, Urbain (1811-1877), 188
Liceti, Fortunio (1577-1657), 116
Lie, Sophus (1842-1899), 35, 36, 38
Linneo (Carl von Linné) (1707-1778), 95
Ljapunov, Aleksandr Michajlovič (1857-1918), 148, 149
Lobačevskij, Nikolaj Ivanovič (1792-1856), 109
Lorentz, Hendrik Antoon (1853-1928), 78, 79
Lorenz, Edward Norton (1917-2008), 146
Lorenz, Konrad (1903-1989), 156
Lotka, Alfred (1880-1949), 145
Lucrezio (Tito Lucrezio Caro) (ca. 94 a.C. - ca. 50 a.C.), 20
Lyman, Theodore (1874-1954), 17

Mach, Ernst (1838-1916), 164
Majorana, Ettore (1906-?), 171
Malthus, Thomas Robert (1766-1834), 138
Malvaldi, Marco (1974), 65
Mandelbrot, Benoît (1924-2010), 87, 88
Maupertuis, Pierre-Louis Moreau de (1698-1759), 150, 163, 164
Maxwell, James Clerk (1831-1879), 127, 179
Mendeleev, Dmitrij (1834-1907), 37, 38
Minkowski, Hermann (1864-1909), 78, 79, 80, 81, 111, 181

Newton, Isaac (1642-1727), 9, 59, 66-68, 70, 121, 123, 124, 127, 130, 150, 161, 168, 169, 179, 186, 188
Nunes, Pedro (1502-1578), 71

Osiander, Andrea (Andreas Hosemann) (1498-1552), 168

Pasteur, Louis (1822-1895), 99, 100

Pauli, Wolfgang (1900-1958), 37, 174, 183
Penrose, Roger (1931), 97, 98
Perrin, Jean (1870-1942), 21
Pitagora (ca. 570 a.C. - ca. 495 a.C.), 8, 41, 81, 89, 111
Planck, Max (1858-1947), 16, 17, 59, 60
Platone (428 a.C. - 348 a.C.), 8, 89, 184
Playfair, John (1748-1819), 107
Poe, Edgar Allan (1809-1849), 121
Poincaré, Jules-Henri (1854-1912), 146, 147, 170, 188
Popper, Karl Raimund (1902-1994), 184

Ramanujan, Srinivasa (1887-1920), 51
Rasetti, Mario (1941), 93
Regge, Tullio (1931-2014), 93, 181
Riemann, Bernhard (1826-1866), 77, 79, 109, 110, 112
Romé de l'Isle, Jean-Baptiste Louis (1736-1790), 95
Ruffini, Paolo (1765-1822), 33
Rutherford, Ernest (1871-1937), 70, 171
Rydberg, Johannes (1854-1919), 17, 18

Saccheri, Gerolamo (1667-1733), 108
Sacharov, Andrej Dmitrievič (1921-1989), 106
Schechtman, Daniel (1941), 97, 98
Schönflies, Arthur Moritz (1853-1928), 96
Schrödinger, Erwin (1887-1961), 127
Schwartz, Laurent (1915-2002), 176
Schweikart, Ferdinand Karl (1780-1857), 108
Seneca, Lucio Anneo (4 a.C. - 65 d.C.), 169
Smalley, Richard Errett (1943-2005), 94
Spinoza, Baruch (1632-1677), 7
Steiner, Jakob (1796-1863), 160
Swift, Jonathan (1667-1745), 7

Tartaglia, Niccolò (ca. 1499 - 1557), 33
Taylor, Geoffrey Ingram (1886-1975), 76
Thom, René (1923-2002), 154, 159, 185
Thompson, D'Arcy Wentworth (1860-1948), 72
Thomson, William (Lord Kelvin) (1824-1907), 13, 30, 101
Tolomeo, Claudio (ca. 100 - ca. 175), 63
Turing, Alan (1912-1954), 181

Van der Pol, Balthasar (1889-1959), 141
Veneziano, Gabriele (1942), 175
Verhulst, Pierre-François (1804-1849), 142
Virgilio (Publio Virgilio Marone) (70 a.C. - 19 a.C.), 159
Voltaire (François-Marie Arouet) (1694-1778), 163

Volterra, Vito (1860-1940), 143, 144, 145

Wallace, Alfred Russel (1823-1913), 78
Weil, André (1906-1998), 187
Weil, Simone (1909-1943), 187
Weiss, Christian Samuel (1780-1856), 95
Wells, Herbert George (1866-1946), 79
Weyl, Hermann (1885-1955), 55, 185
Wheeler, John Archibald (1911-2008), 179, 180
Wigner, Eugene (1902-1995), 10, 50, 53, 128, 182, 183
Wu, Chien-Shiung (1912-1997), 102, 103

Yang, Chen-Ning (1922), 102
Yau, Shing-Tung (1949), 83, 177, 178

Zangwill, Israel (1864-1926), 184
Zeeman, Erik Christopher (1925-2016), 154, 156, 157

Finito di stampare
nel mese di luglio 2026
presso Rotomail Italia S.p.A. – Vignate (MI)